« Mon sang se glaça dans mes veines ! J'avais reconnu les formidables squales qui nous menaçaient. C'était un couple de tintoréas, requins terribles, à la queue énorme, au regard terne et vitreux, qui distillent une matière phosphorescente par des trous percés autour de leur museau. Monstrueuses mouches à feu, qui broient un homme tout entier dans leurs mâchoires de fer ! »

(Jules Verne, *Vingt Mille Lieues sous les mers*, 1871).

P. 1 : Banc de requins marteau
à festons. Costa Rica.

P. 2-3 : L'extraordinaire puissance
du grand requin blanc, capable
dans son élan, de bondir hors
de l'eau pour se saisir d'une proie.

Double page suivante :
Requin taureau nageant près
d'une épave, entouré d'un banc
de poissons. Caroline du Nord,
États-Unis.

DIRECTION ÉDITORIALE
Jean-Pierre de Monza
Anne Roussel Versini

CRÉATION GRAPHIQUE
Florence Cailly/Chine

ICONOGRAPHIE
Catherine Vadon
Jean-Pierre de Monza

RÉVISION
Laure Desforges

PHOTOGRAVURE
Ex-Fabrica/Edilog (Paris)

IMPRESSION
Egedsa (Espagne)

40, rue Marbeuf – 75008 Paris
Tél. : 01 42 25 71 74
jpdm@editionsdemonza.fr
ISBN : 2-916231-02-1
10/06

Catherine Vadon
Maître de Conférences
Département « Milieux et peuplements aquatiques »
Muséum national d'Histoire naturelle

REQUINS

Entre peur et connaissance

LES ÉDITIONS DU MUSÉUM
Éditions de Monza

Sommaire

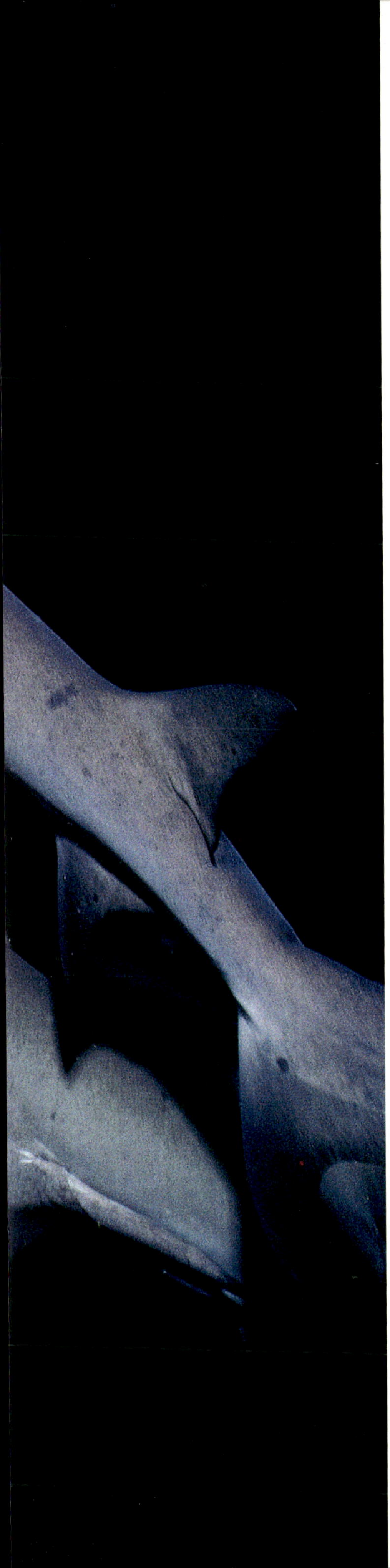

Introduction

L'apparition d'un aileron triangulaire fendant silencieusement la surface de l'eau a provoqué un réflexe de panique chez des générations de marins, et continue d'épouvanter beaucoup d'entre nous. Car à cet aileron est immanquablement associée la terrible mâchoire, aux dents si meurtrières… Pour nous, Occidentaux, l'image du requin se limite en effet souvent à celle d'un prédateur impitoyable, effrayant par ses dents acérées et son regard fixe, sillonnant les mers à la recherche de proies, humaines de préférence.

Mais pour quelles raisons les requins font-ils si peur ? Pourquoi, plus que tout autre animal, ont-ils été tellement haïs et calomniés ? Sont-ils les brutes voraces, avides de sang, que certains écrivains et médias nous dépeignent, ou valent-ils mieux que cette mauvaise réputation qui leur colle à la peau ? De l'autre côté du globe, les peuples d'Océanie, vivant en osmose avec la nature, cohabitent avec ces animaux de manière toute différente. Divinités ou incarnations de l'esprit des ancêtres, ils y sont vénérés, et leur rôle de justicier, garant de l'ordre social, inspire le respect.

Des requins à ailerons blancs de récif cherchent leur nourriture dans les fonds coralliens des îles Cocos, au Costa Rica.

Parmi les quelque cinq cents espèces actuellement connues, la plupart des requins sont en réalité inoffensifs pour les humains, à l'image du petit sagre elfe de 18 centimètres ou de l'énorme requin baleine de 18 mètres, avaleur de plancton. D'une étonnante diversité de formes, de tailles et de modes de vie, ces animaux issus de la lointaine ère primaire ont colonisé presque tous les milieux marins, des régions polaires à l'équateur, des côtes aux profondeurs abyssales ; certains s'aventurent même dans les eaux douces. Durant leur très longue histoire, ils ont su résister à tous les bouleversements qu'a connus la Terre, s'adaptant sans cesse à leurs nouveaux environnements. L'extrême élégance de leurs lignes, l'acuité de leurs sens, ou encore leur pouvoir de détection des proies de haute précision en font des êtres d'exception. Sans oublier leur rôle de prédateur, essentiel à l'équilibre des écosystèmes marins. Partout dans le monde, recherches scientifiques et techniques modernes d'investigation font progresser notre connaissance des requins, mais beaucoup reste encore à découvrir sur leur origine, leur biologie, leur comportement social, leurs migrations…

Approcher le « monde des requins », c'est aborder des domaines aussi variés que l'histoire naturelle, l'ethnologie, la pêche, l'exploration sous-marine, l'écotourisme, l'art… Existe-t-il en effet d'autres sujets aussi contrastés que celui qui nous mène des tièdes atolls coralliens à la banquise glacée de l'Arctique, des jonques de Hong Kong au précieux galuchat des salons parisiens, des écrits de Buffon aux films de Cousteau, du grimoire des apothicaires à la recherche scientifique de pointe ?

Les humains ont trouvé tellement d'utilisations à chaque partie du corps des requins (aileron, peau, chair, foie…) qu'ils les pêchent depuis des siècles. Mais aujourd'hui, cette pêche est devenue si excessive que bien des espèces sont en danger, certaines même menacées de disparition ! Ce soi-disant « mangeur d'hommes », que l'on massacre aujourd'hui par millions pour le réduire en potage ou pour se parer de ses dents, ne sillonnera bientôt plus les océans si l'actuel phénomène d'extermination programmé à son encontre n'est pas rapidement enrayé. Jamais dans leur longue histoire, ces animaux n'ont tant eu besoin d'être connus, respectés, protégés.

Double page suivante :
Des dizaines de requins à ailerons blancs de récif suivent une traînée odorante portée par une colonne d'eau. Îles Cocos, Costa Rica.

Un superbe requin à ailerons blancs de récif parcourant les eaux bleues des îles Cocos.

Être requin...

Requiem : « C'est le nom que les anciens voyageurs donnaient au *Squalus carcharias*, dont l'apparition auprès d'un nageur ne laissait aucun espoir, et équivalait à un "requiem". La prononciation altérée en a fait un "requin". » (*Dictionnaire pittoresque d'histoire naturelle et des phénomènes de la nature*, 1839)

« Requin » pourrait également provenir d'une déformation du mot « chien » (*quien*), d'où l'expression de « chien de mer ». Le mot anglais *shark* vient quant à lui du mot allemand *schurk*, qui signifie « scélérat », « gredin » ou « parasite vorace ».

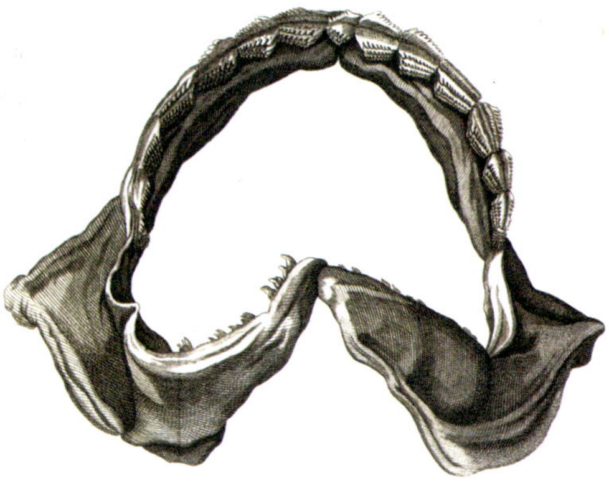

Ci-dessus :
Mâchoire de requin trouvée en Sicile (Lazzaro Spallanzani, *Voyages dans les deux Siciles et dans quelques parties des Apennins*, 1799).

Les plus vieux fossiles connus de requins datent de 450 millions d'années ! Leur origine est donc bien plus ancienne que celle des dinosaures, apparus quant à eux il y a 230 millions d'années. C'est durant cette lointaine ère Paléozoïque que les requins connurent le plus extraordinaire développement : ils se diversifièrent et occupèrent presque toutes les niches écologiques aquatiques ; des formes bien différentes de celles que nous connaissons aujourd'hui virent le jour.

LES ANCÊTRES

Ainsi, le *Cladoselache* (360 millions d'années) était un prédateur de 2 mètres de long, au corps en torpille, pourvu de deux nageoires dorsales précédées d'une forte épine, d'une queue en demi-lune, de sept paires de fentes branchiales et d'une gueule aux dents pointues, s'ouvrant à l'extrémité d'un museau arrondi. Un des plus extraordinaires, le *Stethacanthus*, peuplant il y a 300 millions d'années les mers chaudes et peu profondes, était long d'environ 3 mètres et possédait sur le dos une grosse protubérance terminée par un coussin de denticules. Différentes suppositions furent avancées pour expliquer sa fonction : attribut sexuel, organe de fixation sur un autre organisme... À l'extrémité de sa gueule, l'extravagant *Helicoprion* (270 millions d'années) développait quant à lui une sorte de scie, large comme une assiette, hérissée de plus de cent soixante dents disposées en spirale, à la fonction bien énigmatique ! Durant la grande crise biologique de la fin de l'ère primaire, qui décima les écosystèmes du globe et anéantit 90 % des espèces marines, seul le groupe des requins hybodontes, apparus il y a 360 millions d'années, fut épargné.

Durant la première moitié de l'ère secondaire, ou Trias, ces requins hybodontes dominèrent les mers, qu'ils partageaient avec d'autres prédateurs, comme les ichtyosaures et autres grands reptiles marins. Atteignant pour certains près de 6 mètres (tel l'*Asteracanthus*), leur gueule s'ouvrait au bout de leur museau, et une forte épine précédait chaque nageoire dorsale ; les mâles portaient sur leur tête des sortes de crochets avec lesquels on suppose qu'ils maintenaient les femelles lors de la reproduction. Puis ces hybodontes se raréfièrent en même

Ci-dessus :
Scapanorhyncus lewisii,
requin fossile datant du Crétacé (Sénonien, environ 85 millions d'années), trouvé à Sahel Alma, au Liban ; longueur : 50 centimètres.

Ci-contre :
Une dent d'un actuel grand requin blanc, à droite celle d'un *Carcharodon megalodon* fossile.

Les poissons cartilagineux, ou Chondrichtyens – du grec *chondros*, cartilage et *ichtus*, poisson –, se caractérisent par l'absence d'os dans leur squelette, constitué exclusivement de cartilage. Ils comprennent les requins (près de cinq cents espèces), les raies (près de six cents espèces) et les chimères (quarante espèces). Ils peuplent presque tous les habitats marins, des rivages aux abysses, et même, pour certains d'entre eux, les eaux douces. Requins et raies sont regroupés dans la classe des Élasmobranches. On les distingue des Ostéichtyens, ou poissons à squelette osseux, qui constituent l'immense majorité des poissons actuels (vingt-cinq mille espèces environ).

temps que se développait la lignée des requins modernes, les néosélaciens. Au Jurassique (200 à 140 millions d'années) apparurent les requins hexanchiformes (requins grisets), puis de nombreuses autres familles modernes. Les hybodontes disparurent durant la crise de la fin du Crétacé, il y a 65 millions d'années, à la même époque que les dinosaures.

À l'ère tertiaire, entre 23 et 2 millions d'années, vécut l'énorme *Carcharodon megalodon* (dont le nom signifie « à grandes dents »), l'un des plus terribles prédateurs marins de tous les temps. Il devait mesurer près de 16 mètres (soit le double des grands requins blancs), avec des dents triangulaires et tranchantes de 15 centimètres, de la taille d'une main humaine ! De riches gisements de ces dents fossiles ont été retrouvés, notamment en Californie, sur la célèbre colline de Sharktooth, et en mer, au large de la Nouvelle-Calédonie, à une profondeur comprise entre 350 et 500 mètres (campagne « Musorstom IV », 1985).

Si de nombreux poissons osseux se sont fossilisés, c'est parce que leurs squelettes, composés à 65 % de minéraux, ont supporté une préservation en terrain sédimentaire. Les squelettes cartilagineux des requins, composés de matière organique (fibres de collagène et chondroïtine sulfate) facilement digérée par les micro-organismes du sol, se désagrègent rapidement et, de ce fait, se sont rarement fossilisés. Leurs dents, recouvertes d'un tissu minéralisé semblable à l'émail, les denticules de leur peau et parfois leurs épines dorsales constituent les principaux vestiges de leur présence dans les océans des ères géologiques.

LES COUSINS

Les Chimères ou rats de mer Bec d'oiseau, corps de poisson, nageoires en forme d'aile et queue de rat ont valu à ces étranges poissons le nom de « chimère », monstre fabuleux de la mythologie grecque. Elles vivent près du fond, principalement en profondeur, dans tous les océans, et leur taille n'excède pas 1,50 mètre. Leurs quatre paires de fentes branchiales sont recouvertes par un opercule. Un aiguillon relié à une glande à venin précède leur nageoire dorsale. Leurs dents sont soudées en deux plaques broyeuses, et leur peau est pratiquement nue. Les mâles sont pourvus de trois petits organes (deux en avant des nageoires pelviennes et un sur le front), destinés à maintenir la femelle lors de l'accouplement.

Les raies Ce sont en quelque sorte des requins aplatis dont les cinq fentes branchiales s'ouvrent sous le ventre. Leurs grandes nageoires pectorales forment un losange avec le corps, et elles ondulent des « ailes » pour se propulser. Les raies se nourrissent de poissons et d'invertébrés, qu'elles

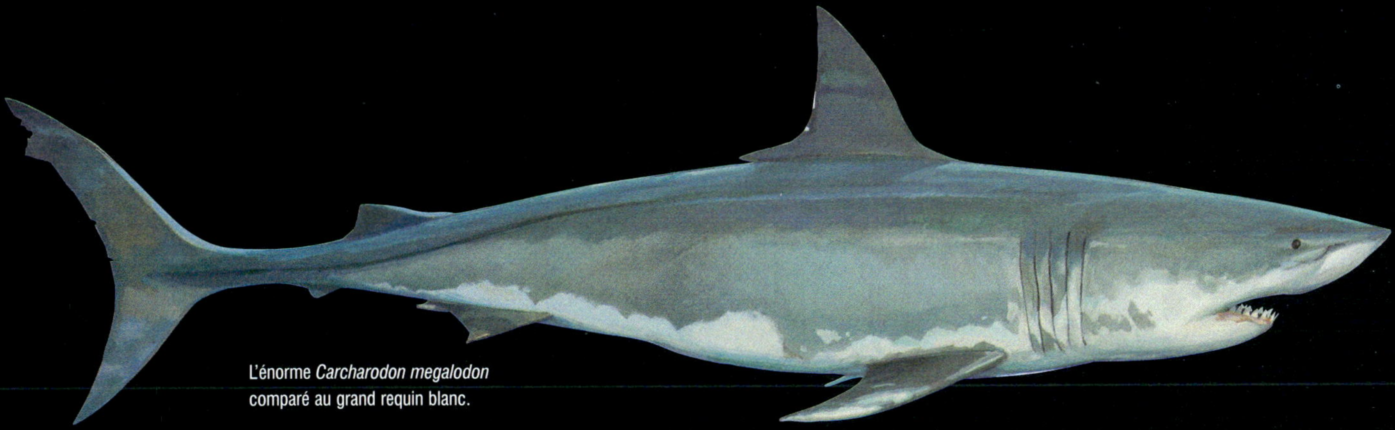

L'énorme *Carcharodon megalodon* comparé au grand requin blanc.

Requin blanc

Cladoselache

Stethacanthus

Ces superbes raies léopard, photographiées ici aux Bahamas, semblent « voler » au-dessus du fond ; elles peuvent atteindre 3 mètres d'envergure et 8,80 mètres du museau à l'extrémité de la queue !

broient entre leurs plaques dentaires. Elles peuplent les océans, de l'Arctique à l'Antarctique, des rivages aux abysses. Les espèces de fond possèdent toute une panoplie d'armes pour paralyser une proie ou échapper à un prédateur. Les torpilles envoient de fortes décharges électriques (45 volts), les pastenagues sont équipées d'aiguillons pointus capables d'injecter un poison violent. D'autres espèces fréquentent les eaux du large, comme l'énorme raie manta (jusqu'à 6,70 mètres d'envergure !), mangeuse de plancton.

Les poissons scies (*Pristidae*, jusqu'à 7,60 mètres de long) se singularisent par un museau extrêmement allongé, en forme de lame rigide, armé de dents pointues, de taille identique, implantées dans des alvéoles, et de petites nageoires pectorales triangulaires. Habitants des eaux côtières peu profondes, des estuaires et même des eaux douces des régions tropicales, ils utilisent leur scie pour fouiller la vase ou fouetter les bancs de poissons. Pêchés pour leur chair et par les amateurs de pêche au gros, ils sont aussi tués pour leur scie, recherchée comme trophée.

Les raies guitares (*Rhinobatidæ*, plus de 3 mètres de long), aux nageoires pectorales peu développées, au museau triangulaire, à la queue massive, vivent sur les fonds de vase ou de sable des zones côtières tropicales à tempérées chaudes. Elles constituent des proies faciles à capturer, aux chaluts, aux filets maillants, aux sennes de plage et aux lignes à main.

Étrange créature que cette chimère des eaux profondes australiennes, aux reflets métalliques et au museau en forme de trompe.

DIVERSITÉ DES REQUINS

Les requins sont présents dans tous les océans, de l'Arctique aux îles subantarctiques, des zones côtières aux obscures plaines abyssales et à la haute mer. Certaines espèces pénètrent dans les eaux douces, comme le requin bouledogue (*Carcharhinus leucas*) qui remonte le fleuve Amazone sur des centaines de kilomètres ou le requin du Gange (*Glyphis gangeticus*), si craint des riverains du Gange et de l'Indus ! Leur diversité est maximale dans les mers tropicales et tempérées chaudes. Les faunes les plus riches se situent dans l'Indo-Pacifique ouest, de l'Afrique du Sud et de la mer Rouge à l'Australie et au Japon. Alors que les requins citron, requins marteau et autres carcharhiniformes fréquentent plutôt les eaux côtières, les squales et les aiguillats (ou squaliformes) sont davantage inféodés aux profondeurs et à la pleine eau. Requins carpette et requins dormeurs vivent sur des fonds de sable, de rocher ou de corail. Au cours des dernières décennies, l'exploration de nouvelles zones océaniques, en particulier en domaine profond, a permis de découvrir quantité d'espèces nouvelles, et le développement futur de ces investigations permettra sans doute d'en découvrir bien d'autres. La distribution mondiale des requins demeure toutefois mal connue.

Du plus grand au plus petit Les records de taille reviennent au gigantesque requin baleine (*Rhincodon typus*), pouvant atteindre une taille de 18 mètres et un poids de 40 tonnes, et à l'énorme requin pèlerin (*Cetorhinus maximus*), qui, lui, ne

Ci-contre :
Un immense requin baleine, évoluant dans les eaux chaudes des Maldives. « Il est facile d'imaginer que l'on puisse, par inadvertance, être aspiré dans la gueule d'un requin baleine... » (Eugénie Clark, *Whale Sharks*, 1992).

Ci-dessous :
Un des plus petits requins connus, le requin lanterne. Adulte, il tient au creux de la main.

dépasse pas... 12 mètres. Ces géants des mers sont tous deux des mangeurs de plancton. Les espèces carnivores sont plus petites, avoisinant tout de même, pour le grand blanc, le requin tigre et le laimargue du Groenland, la taille respectable de 7 mètres ! Mis à part ces dimensions extrêmes, la moitié des espèces de requins mesurent moins d'un mètre, et 80 % moins de deux mètres ! Avec sa vingtaine de centimètres, le sagre elfe (*Etmopterus perryi*) est le plus petit des requins.

Ces étranges requins des profondeurs En 1976, un navire de recherches américain découvre, au large d'Hawaï, l'étrange requin grande-gueule (*Megachasma pelagios*), long de 4,50 mètres, à la tête globuleuse, au museau court et large, et à la bouche énorme, bordée de lèvres épaisses. En 1983, les scientifiques créent pour lui une nouvelle espèce, un nouveau genre et une nouvelle famille ! Depuis, plus d'une trentaine de spécimens ont été capturés dans les océans Indo-Pacifique et Atlantique. C'est, avec le requin baleine et le pèlerin, la troisième espèce connue de requin filtreur. Il vit jusque vers 150 mètres de profondeur le jour, et remonte la nuit vers les couches superficielles pour suivre les déplacements du plancton. Le requin lutin (*Mitsukurina owstoni,* mesurant 3,80 mètres, vivant jusqu'à 1 300 mètres de fond) présente un corps flasque et un museau plat, triangulaire, très proéminent : une conformation qui pourrait accroître l'efficacité de ses organes sensoriels. Durant le Crétacé, ces requins étaient très communs dans les eaux peu profondes, et sont, aujourd'hui, limités aux grandes profondeurs (350-600 mètres), où ils pourraient avoir trouvé refuge. Des requins lanterne (*Etmopterus*) présentent sur leur ventre des organes lumineux

produisant une couleur verte dont le rôle exact reste à déterminer. Récoltés jusqu'à 3 600 mètres de profondeur, les sikis (*Centroscymus coelolepis*) sont uniformément brun noir, de petite taille (1,20 mètre), avec un museau court et de grands yeux vert brillant. Les requins semblent absents au-dessous de 4 000 mètres, la nourriture n'étant probablement plus assez abondante pour subvenir à leurs besoins énergétiques.

BIOLOGIE DES REQUINS

Se propulser Les requins avancent en ondulant, à l'aide des mouvements latéraux de leur nageoire caudale, qui assure leur propulsion. La colonne vertébrale des requins, contrairement à celle des poissons osseux, se prolonge dans la partie supérieure de la queue, presque jusqu'à son extrémité, apportant à celle-ci une plus grande rigidité. Les nageoires sont soutenues par un squelette interne, composé de plusieurs pièces de cartilage, et de rayons fibreux (ou cératotriches). Les larges nageoires pectorales servent à la navigation. Fonctionnant comme des ailes d'avion, elles maintiennent le requin à l'horizontale et l'empêchent de « tomber » ; en s'inclinant, elles servent d'aérofreins. Insérées obliquement au corps, elles ne permettent pas au requin de reculer ou de planer comme les poissons osseux. Les nageoires dorsales et la nageoire anale stabilisent le corps du requin à la verticale, comme la dérive d'un bateau. À chaque forme de queue est associé un mode de vie. Les nageurs rapides comme le grand blanc ou le mako (atteignant des vitesses de 50 kilomètres/heure ou plus !) ont les deux lobes de leur nageoire caudale identiques, et la propulsion est assurée par l'ensemble de la queue. Ce caractère se retrouve chez certains poissons osseux, comme l'espadon. Des carènes de stabilisation, horizontales, à la base de la queue, procurent une vitesse accrue. Chez les espèces vivant sur le fond et à nage lente, tel le requin nourrice (*Gyngli-mostoma cirratum)* ou le requin zèbre (*Stegostoma fasciatum*), seul le lobe supérieur est extrêmement développé.

Chasser Si nombre de requins ont un corps taillé pour la vitesse, ils se déplacent en général lentement, maraudant ici et là, en quête de proies. Lorsqu'ils veulent capturer l'une d'elles, ils déclenchent l'extraordinaire réserve de puissance qui leur permet d'atteindre des vitesses très élevées et, littéralement, de fondre sur leur victime. Certains s'embusquent avant d'attaquer, d'autres chassent à la course ou préfèrent surgir du fond vers la surface. Chez le requin renard (*Alopias*), le lobe supérieur de la nageoire caudale, en forme de fouet, mesure près de la moitié de la longueur totale de l'animal. Pour rassembler ses proies (maquereaux, sardines), il décrit des cercles de plus en plus petits autour d'eux, puis saute en l'air, retombe avec fracas en

Un requin peau bleue (jusqu'à 4 mètres) chassant dans un banc d'anchois. À son menu figurent également des petits requins, des calmars, des crustacés et, occasionnellement, des oiseaux de mer. Californie, États-Unis.

Double page précédente :
Le requin dagsit (jusqu'à 2,60 mètres), très commun dans les récifs coralliens indo-pacifiques, vit en groupes de plusieurs dizaines d'individus ; il est particulièrement actif durant la nuit. Atoll de Bikini, îles Marshall, Océanie.

Double page précédente :
La gueule grande ouverte de l'un des plus puissants prédateurs des mers, le grand requin blanc. Afrique du Sud.

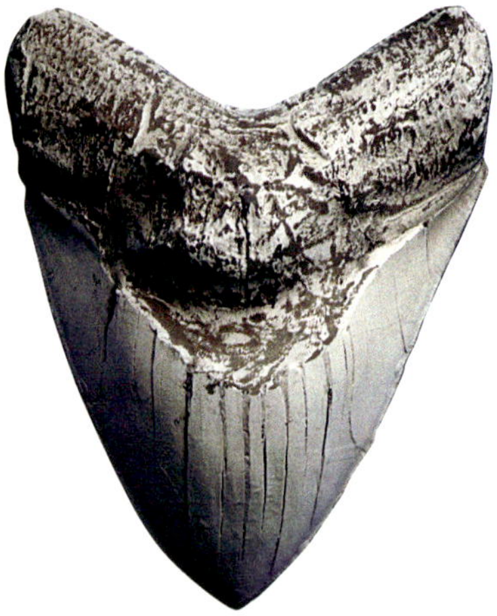

Ci-dessus, en haut :
Dent du grand *Carcharodon megalodon*.

Ci-dessus :
Long de 50 centimètres, le squalelet féroce se fixe sur ses proies (poissons, dauphins) à l'aide de ses lèvres ventouses, puis, tournant rapidement sur lui-même, y découpe un cercle de chair de ses dents tranchantes, d'où son nom de *cookie cutter*.

Page de droite, de haut en bas :
Dents incurvées et crénelées du requin tigre.
Dents d'un grand requin blanc.
Dents « en peigne » d'un requin griset.

fouettant l'eau de sa queue et se rue, gueule ouverte, sur le banc. Le requin tisserand (*Carcharhinus brevipinna*) doit son nom à sa technique de chasse : il va et vient verticalement comme une navette en traversant les bancs de poissons qu'il happe au passage et, sur son élan, surgit hors de l'eau. Si certains agissent seuls, d'autres se groupent pour chasser. Solitaire, le requin tigre s'organise parfois en groupe pour dévorer des proies volumineuses, comme des carcasses de baleine, les plus gros tenant à distance les autres requins plus petits. Aux îles Cocos, des requins soyeux (*Carcharhinus falcifomis*) ont été observés en train d'attaquer en meute des bancs de sardines. En Polynésie, les requins à pointes noires (*Carcharhinus melanopterus*) se groupent pour mieux encercler les bancs de chinchards.

Les requins n'ont pas de vessie natatoire, cette sorte de « bouée » remplie de gaz qui permet aux autres poissons de contrôler leur flottabilité. C'est leur foie, énorme et riche en huile, moins dense que l'eau, qui joue ce rôle. Il constitue une réserve d'énergie grâce à laquelle le requin peut jeûner plusieurs semaines. Le requin taureau est la seule espèce connue à pouvoir avaler de l'air en surface et à le conserver dans son estomac pour maintenir une flottabilité neutre.

Des dents pour saisir et tuer Les mâchoires des requins comprennent des centaines de dents, disposées en rangées parallèles. Comme sur un tapis roulant, chaque dent qui tombe est remplacée par celle qui la suit : système unique chez les vertébrés, garantissant au requin une dentition toujours en parfait état. Les requins fabriquent ainsi des milliers de dents au cours de leur vie.

La position ventrale de leur gueule fit longtemps croire aux naturalistes qu'ils devaient se retourner sur le dos pour mordre leur proie. Ces animaux possèdent en fait une conformation unique dans le monde animal : leurs mâchoires ne sont pas fixées au crâne mais reliées à lui par un simple petit os, ce qui leur procure une grande mobilité par rapport au reste de la tête. Quand il ouvre la gueule pour mordre, le requin projette ses mâchoires en avant : la gueule ne se trouve plus en dessous de la tête, mais en avant.

Les mâchoires des grands prédateurs ont une puissance considérable, et sont capables, pour le requin sombre (*Carcharhinus obscurus*), d'exercer une pression d'environ 60 kilos par dent, soit 3 tonnes par centimètre carré (contre 180 kilos par centimètre carré pour un chien de 20 kilos). Le requin de Port-Jackson (*Heterodontus portusjacksoni*, du grec *heterodontus*, signifiant « dents différentes ») a, sur le devant, des dents pointues pour saisir, et, sur le côté, des dents aplaties pour broyer mollusques et autres invertébrés.

Adaptées au régime alimentaire de chaque espèce, les dents tranchent, scient, arrachent, agrippent ou broient. De ses

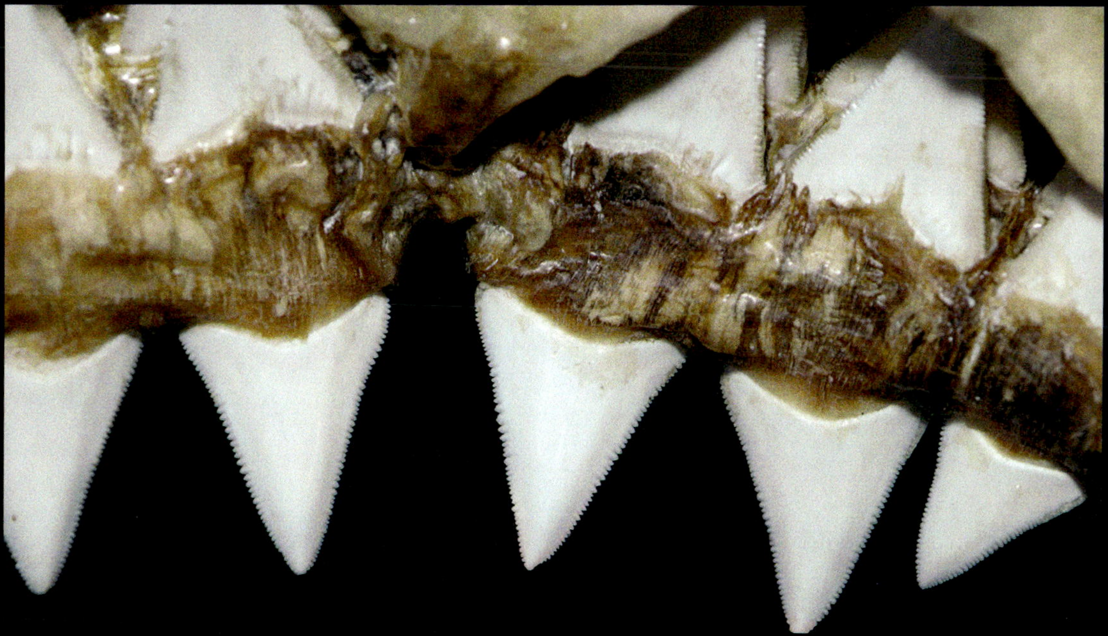

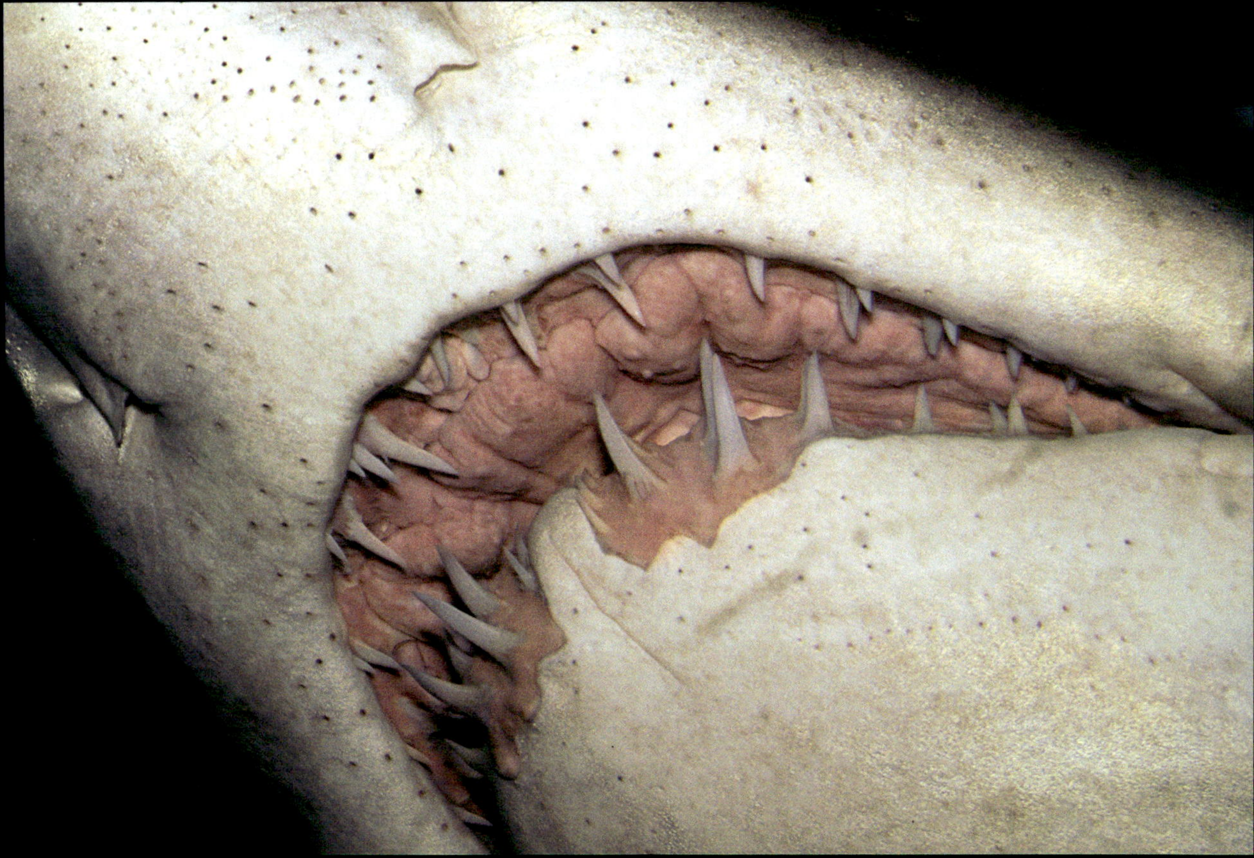

Ci-dessus et page de droite :
Contrairement à ce que laisse croire sa gueule effrayante, hérissée de dents effilées, le requin taureau, (jusqu'à 3 mètres) ne présente pas le caractère agressif auquel on pourrait s'attendre. Plutôt indolent, il est rarement

dents longues et effilées, armées de pointes latérales (les *cuspides*), le requin taureau saisit calmars et autres proies glissantes qu'il avale d'un bloc. Le mako (*Isurus oxyrhynchus*) a des dents tranchantes, en poignard, qui déchiquètent ses victimes. La forme des dents du grand blanc se modifie avec l'âge. Pointues chez le jeune, elles deviennent triangulaires, plates et tranchantes chez l'adulte ; lorsqu'il ferme ses mâchoires, dents du haut et du bas s'encastrent les unes dans les autres, le rendant capable de sectionner une jambe ou d'arracher aux phoques des morceaux de chair de plusieurs kilos... Opportuniste vorace, le requin tigre a des dents comprimées, aux bords crénelés, en crête de coq, qu'il plante dans ses proies. Lorsqu'il secoue frénétiquement son corps, ses mâchoires jouent alors le rôle de redoutables scies ! Il peut tout écraser et avaler, sans mâcher : tortues, albatros, bébés phoques, lamantins et... boîtes de conserve ! Mais il peut aussi se débarrasser des objets indigestes qu'il a avalés en retournant « en doigt de gant » son estomac et en les expulsant par la bouche !

Les géants mangeurs de plancton Avec sa tête large et plate, ses yeux tout près des commissures de son énorme bouche, sa coloration grise ponctuée de taches et de traits blancs, le gigantesque requin baleine présente une physionomie des plus étranges. Il vit dans toutes les mers tropicales et tempérées chaudes du globe. Il est souvent observé près de la surface, le corps vertical, tête en haut et gueule béante, aspirant l'eau pour absorber toutes sortes d'organismes planctoniques et même calmars, sardines et petits thons. Les trois mille minuscules dents portées par chaque mâchoire ne jouent pas de rôle dans la prise de nourriture. Il mène une vie nonchalante : abordé par un navire, il peut rester de part et d'autre de l'étrave, plié en deux, contre la coque !

Le requin pèlerin (*Cetorhinus maximus*) fréquente les mers froides à tempérées chaudes du globe. Pour une taille de 10 mètres, il pèse plus de 4 tonnes ! Sa taille gigantesque l'a autrefois fait prendre pour quelque serpent de mer ou autres monstres marins ! Ses fentes branchiales, exceptionnellement grandes, encerclent presque sa tête. La nageoire dorsale à fleur d'eau, il avance lentement dans les bancs de plancton, engloutissant par son énorme bouche ouverte des millions de litres d'eau. Les micro-organismes filtrés sont retenus par de longues franges branchiales, les branchiospines. Quand il se

Double page suivante : L'extraordinaire puissance d'attaque du grand requin blanc, est telle qu'il peut se propulser hors de l'eau quand il poursuit une proie, tel ce petit phoque. États-Unis.

C'est plus d'un million de litres d'eau que le requin pèlerin, peut avaler et filtrer en une seule journée ! Île de Man (mer d'Irlande), Royaume-Uni.

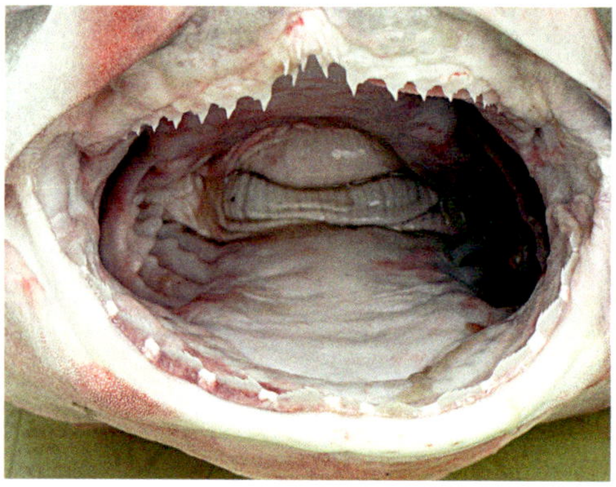

Gueule et estomac de requin griset.

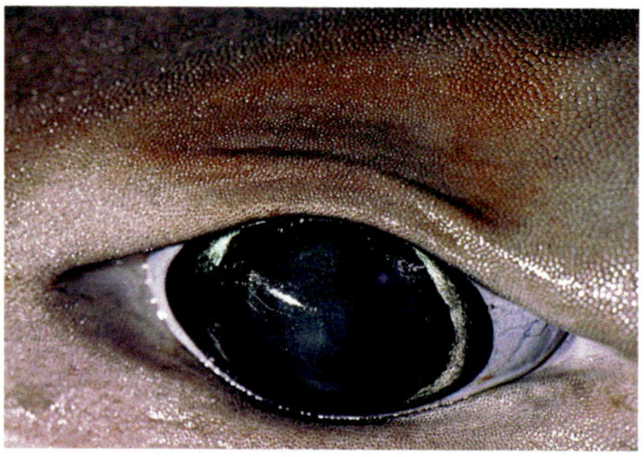

De haut en bas :
Œil de squale chagrin. Nouvelle-Calédonie.
Œil de requin pointes blanches de récif dont la taille de la pupille peut varier en fonction de l'intensité lumineuse. Iles Cocos.
Au moment de déclencher l'attaque, beaucoup d'espèces, comme ce requin de récif des Bahamas, ferment leur membrane nictitante pour protéger leurs yeux.

nourrit, la physionomie de sa tête se modifie : ses mâchoires s'ouvrent démesurément, ses fentes branchiales se gonflent. À chaque minute (ou à l'issue d'une durée un peu plus courte), il ferme la bouche et avale le plancton accumulé sur ses filtres ; celui-ci est conduit dans l'estomac, capable d'en recevoir jusqu'à 500 kilogrammes ! Les branchiospines tombent en automne, quand la nourriture se raréfie, et se reforment au printemps. On rencontre ce requin souvent par groupes de trois ou quatre, mais des groupes de plus d'une centaine ont été signalés. Sa croissance est très lente, et il n'est mature qu'à une taille de 5 ou 6 mètres.

Un système digestif adapté Extensible, l'estomac des requins est capable de recevoir de grandes quantités de nourriture à la fois. Ce caractère est particulièrement important chez les « coureurs d'océan » (*Carcharhinus longimanus*, par exemple), pour lesquels les prises de nourriture sont parfois très espacées, en fonction des proies qui se présentent. Les requins ont un intestin court (8 mètres de long chez un humain adulte, 30 centimètres chez un requin de même taille) et équipé d'un dispositif particulier, une valvule intestinale en forme de spirale, de rouleau ou d'anneau, dont le rôle est d'augmenter l'absorption des aliments par la paroi intestinale. Celle-ci est très souvent parasitée par de nombreux vers plats, fixés par des crochets à la muqueuse.

Des sens aiguisés Grâce à une panoplie de sens aiguisés le requin est particulièrement performant pour détecter ses proies. S'ils disposent, comme les humains, des cinq sens que sont l'odorat, la vue, l'ouïe, le toucher et le goût, ils en possèdent également un sixième. Unique dans le monde animal, ce sens, nommé « électrolocation », leur confère une sensibilité aux champs électriques émis par tout organisme présent dans leur environnement ! Ils en reçoivent les signaux par l'intermédiaire d'une série de minuscules pores parsemant leur tête et leur museau. À ces pores correspondent autant d'« ampoules de Lorenzini » (du nom de l'anatomiste italien qui les décrivit en 1678), canaux remplis de gelée et pourvus de petits électrorécepteurs. Grâce à ces organes, les requins parviennent à détecter des champs électriques de basse fréquence (de 0,2 à 20 hertz), produits par les mouvements d'autres animaux, et à repérer leurs proies avant même de les voir ou de les sentir ! Ainsi le grand requin marteau (*Sphyrna mokarran*) parvient, en balançant sa large tête au-dessus du fond comme le ferait un détecteur de métaux, à localiser des raies entièrement enfouies dans le sable. Ce sens interviendrait aussi dans l'orientation des requins, lors de leurs migrations, les ampoules de Lorenzini jouant le rôle de boussole électromagnétique… Cette sensibilité aux impulsions électriques est telle que des chercheurs ont mis au point, à destination des

Existe-t-il dans la nature une forme aussi étrange que celle du requin marteau ? Baie Kane'ohe, Hawaï, États-Unis.

D'un comportement assez timide vis-à-vis des plongeurs, le grand requin marteau n'hésite pourtant pas à attaquer les raies léopards armées de dards venimeux situés à la base de la queue ; certains gros individus en ont ainsi fréquemment plusieurs enkystés dans leurs mâchoires... » (P. Laboute, M. Feuca et R. Grandperrin, *Nouvelle-Calédonie. Le Plus Grand Lagon du Monde*, 1991)

Page de droite, en haut :
À gauche, peau de requin chabot ocellé ; à droite, peau de requin de récif.

Page de droite, en bas :
Photographie prise au microscope électronique à balayage, montrant la forme des denticules cutanées couvrant la peau d'une holbiche à gorge tachetée.

plongeurs et des amateurs de glisse, des émetteurs portables créant autour de ceux-ci une sorte de bouclier de protection dissuadant les requins de trop s'approcher...

Grâce à leur odorat très développé, les requins peuvent détecter des dilutions de sang extrêmement faibles. Adoptant une nage en zigzag, caractéristique, ils remontent le couloir odorant comme le ferait un chien. On a observé en Polynésie que des requins dagsit (*Carcharhinus amblyrhynchos*) et des requins corail (*Triaenodon obesus*), embusqués à la sortie d'une passe d'un atoll corallien, mettaient moins de cinq minutes pour localiser un appât situé à plus d'un kilomètre de distance ! Leur odorat leur permet également de détecter les phéromones émises, en période de reproduction, par des partenaires potentiels. Les requins utilisent leurs oreilles internes ainsi que leur ligne latérale (ensemble de petits canaux pourvus de cellules sensorielles) située le long du corps et de la tête, pour capter toute vibration produite dans leur environnement, comme, par exemple, celle émise par un poisson harponné, éloigné de plusieurs centaines de mètres. C'est ainsi que les requins réagissent aux vibrations produites par les crécelles en noix de coco qu'agitent certains Océaniens (les *shark-callers*) à la surface de l'eau pour les attirer... Si le requin bouscule parfois sa proie plutôt que de la mordre, c'est qu'il pourrait la « goûter » grâce à des fossettes sensorielles réparties à la surface de son corps. Les requins possèdent également une excellente vue. Au fond de l'œil, une sorte de miroir, le *tapetum lucidum*, amplifie la lumière sur la rétine et permet une bonne vision, la nuit, en eaux profondes ou troubles. Au moment d'une attaque, de nombreuses espèces (marteau, tigre...) protègent leur œil par une paupière de protection tandis que le grand blanc bascule ses yeux dans ses orbites.

Une peau rugueuse Lorsque l'on passe la main sur la peau d'un requin, de la tête vers la queue, elle paraît lisse, mais, en sens inverse, c'est une vraie râpe ! C'est parce que leur corps n'est pas, contrairement à celui des poissons osseux, recouvert d'écailles (celles-ci plates, se superposant comme des tuiles), mais par des millions de petits denticules cutanés, d'environ un millimètre, dirigés vers l'arrière et de structure comparable à celle des dents. Ils protègent la peau de l'abrasion et des écorchures, notamment chez les espèces de fonds rocheux ou de récifs coralliens, et de l'installation de parasites. En outre, ils facilitent l'écoulement de l'eau le long du corps, ce qui favorise l'hydrodynamisme et réduit les bruits de déplacement. Le requin soyeux (*Carcharhinus falciformis*) doit son nom à la structure de ses petits denticules qui lui procure une texture douce. Chez le requin pèlerin, les denticules sont petits et pointent dans toutes les directions ; les pêcheurs norvégiens, qui pratiquent sa pêche depuis longtemps,

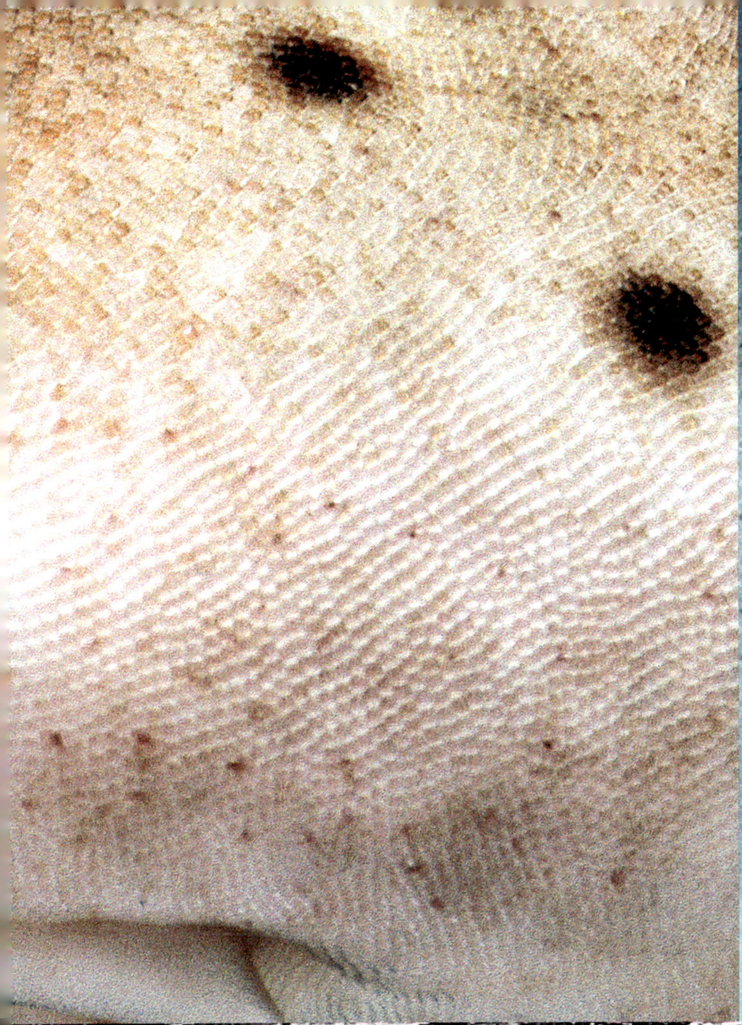

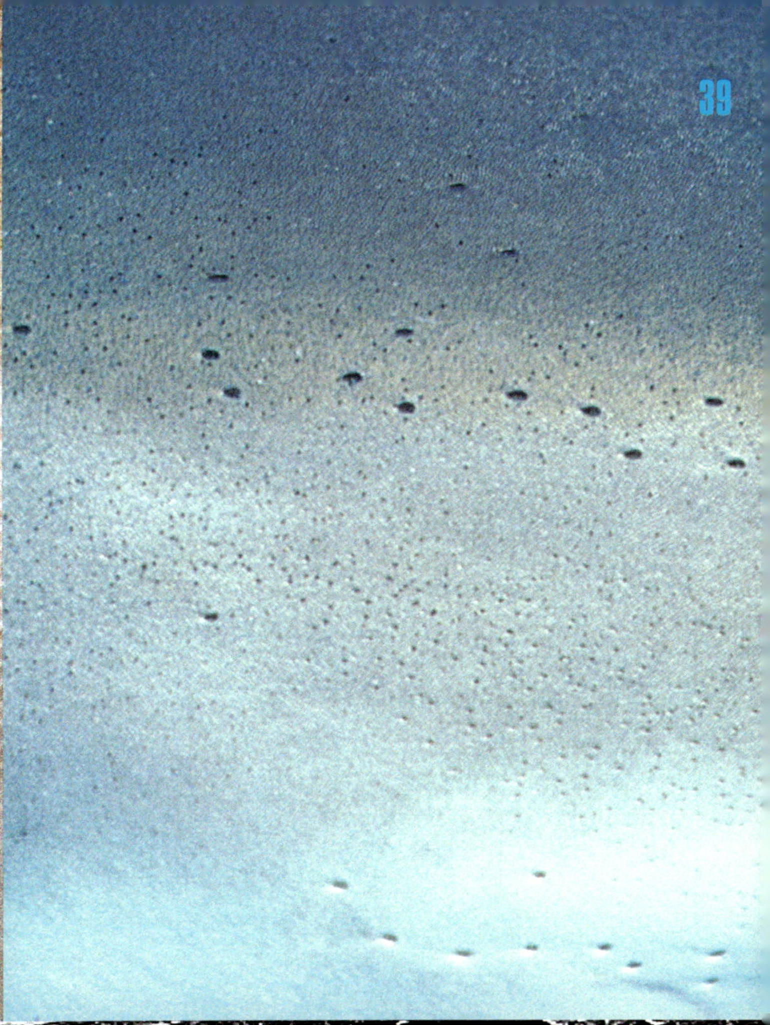

Ci-dessous :
Les cinq fentes branchiales d'un requin à aileron blanc du lagon. Îles Cocos.

Ci-contre :
Entièrement tacheté, l'étonnant requin tapis barbu des eaux de la Nouvelle-Guinée et du nord de l'Australie possède une large tête aplatie bordée de barbes branchues et effilochées qui en dissimulent parfaitement le contour quand il est à l'affût, parmi les algues et les coraux ...

utilisent cette particularité en couvrant de sa peau, anti-dérapante, les ponts glissants de leurs bateaux. De forme différente chez chaque espèce, ces denticules sont utilisés comme caractère d'identification.

Camouflage et coloration Vivant sur le fond et chassant à l'affût, les requins tapis ont développé des moyens de camouflage et de coloration des plus étonnants ! Les espèces de pleine eau, comme le grand blanc ou le peau bleue, ont une coloration qui les rend difficilement repérables : vu de dessous, leur ventre blanc se confond avec l'eau éclairée par le soleil ; vu du dessus, leur dos gris bleu a la couleur des profondeurs marines. Les requins vivant dans l'obscurité des profondeurs sont en général de couleur uniformément brun noir. Certains changent de coloration en grandissant : les taches du jeune requin tigre s'assemblent peu à peu pour former les rayures des flancs de l'adulte.

Respirer La respiration s'effectue grâce à un courant d'eau qui oxygène les branchies et ressort par les fentes branchiales. Nombre d'espèces (requin océanique, requin taupe...) sont contraintes de nager continuellement pour assurer le renouvellement de l'eau sur leurs branchies. S'ils sont arrêtés, notamment par les mailles d'un filet, ils ne respirent plus et s'asphyxient. Les espèces qui se tiennent immobiles près du fond (requin tapis) sont capables en revanche de pomper l'eau par leur gueule pour oxygéner leur système branchial. D'autres (comme le requin zèbre) possèdent en arrière de chaque œil un petit orifice ou spiracle, qui permet à l'eau d'accéder aux branchies sans passer par la bouche.

Double page précédente :
Banc de requins soyeux chassant dans les eaux tropicales des îles Cocos, au large du Costa Rica.

Musculature et température interne Les requins possèdent des muscles rouges (riches en myoglobine, protéine spécifique des muscles et intervenant dans leur oxygénation), sollicités durant la nage de croisière, lente et continue, et des muscles blancs intervenant lors des brèves accélérations. Comme tous les poissons, les requins ont une température interne variable, dépendante de celle du milieu environnant. Les espèces d'eaux froides (jusqu'à 0 °C, en Arctique) ont un métabolisme plus lent que les espèces d'eaux tropicales (pouvant dépasser 30 °C). Les grands prédateurs comme le grand blanc ou le requin taupe présentent une adaptation particulière leur procurant une grande efficacité à chasser en eau froide : ils entretiennent grâce à une vascularisation très dense une température interne supérieure – jusqu'à 10 °C ! – à celle de l'eau ambiante. Le sang des requins est riche en composés azotés, notamment en urée et en méthylamine, ce qui explique pourquoi leur chair dégage une forte odeur d'ammoniaque quand elle s'altère. Cette concentration en urée leur permet de maintenir un équilibre osmotique avec le milieu marin environnant, de même concentration.

De longues migrations Les phénomènes migratoires des requins, quelques espèces mises à part, sont encore mal connus : les parcours effectués (parfois plusieurs milliers de kilomètres par an), comme les causes qui les génèrent (reproduction, alimentation...), demeurent incertaines.

Le requin pèlerin effectue ainsi des migrations considérables, estimées à plus de 3 000 kilomètres par an, et verticales, depuis les eaux profondes du large jusqu'aux zones côtières où il vient se nourrir de plancton durant le printemps et l'été ; les parages de l'île de Man (mer d'Irlande) constituent ainsi un des lieux où ces animaux se rassemblent par milliers.

Les requins baleines sont également de grands migrateurs, bien que soient encore mal connus leurs déplacements géographiques, liés probablement aux floraisons planctoniques et aux variations de température des masses d'eau. Ils se rassemblent ainsi en grand nombre dans le canal du Yucatan, le canal du Mozambique, aux Seychelles... À Ningaloo Reef, en Australie-Occidentale, ils viennent par centaines se repaître, durant la pleine lune de mars, de la ponte de milliards de polypes coralliens.

Ci-contre :
Les requins marteau à festons se rassemblent parfois en bancs de centaines d'individus, en pleine eau, comme ici près de l'île de Malpelo, en Colombie.

Dans l'Atlantique nord, des campagnes de marquage ont montré que le peau bleue (*Prionace glauca*) effectue régulièrement de vastes migrations océaniques, dans le sens des aiguilles d'une montre, en suivant la circulation des masses d'eau. Des requins « taggés » au large des États-Unis ont été ainsi retrouvés au large de l'Espagne, dans le détroit de Gibraltar et dans l'Atlantique équatorial, et des requins « taggés » aux îles Canaries ont été localisés à Cuba. Les requins suivent ainsi les eaux tièdes du Gulf Stream jusqu'en Europe, descendent le long des côtes africaines puis traversent à nouveau l'Atlantique jusqu'aux Caraïbes, via le courant équatorial nord. Les peaux bleues se regroupent souvent en bancs composés uniquement de femelles ou de mâles de même taille, comportement dont on ignore la raison exacte. Au Canada, en été, les requins taupe (*Lamna nasus*) adultes migrent par groupe de même sexe le long de la côte de la Nouvelle-Écosse et du golfe du Maine vers les zones d'accouplement situées au large de Terre-Neuve et près du golfe du Saint-Laurent ; les lieux de mise bas n'ont pas encore été identifiés. Concernant les migrations du grand blanc, des données récentes, acquises par satellite, ont mis en évidence le trajet d'une femelle qui a traversé l'océan Indien, d'Afrique du Sud en Australie et retour, parcourant environ 22 000 kilomètres en neuf mois, à une vitesse moyenne de 4,6 kilomètres/heure ! (Ramon Bonfil, *Wildlife Conservation*, New York, 2005). Certains requins accomplissent des migrations verticales, parfois spectaculaires, vivant le jour en profondeur et en surface la nuit, tel le petit squalelet féroce (*Isistius brasiliensis*) descendant jusqu'à plus de 3 000 mètres.

De haut en bas :
Embryons de requins reliés à leur gros sac vitellin, qui renferme leurs réserves de nourriture.
À l'intérieur de cette enveloppe cornée, translucide, l'embryon de roussette se développe en se nourrissant du vitellus. Le jeune éclot environ huit mois après la ponte.

Se reproduire Contrairement à celle des autres poissons, la fécondation des requins est interne. En arrière de chaque nageoire pelvienne, le mâle possède deux organes de reproduction, les ptérygopodes. Pour déposer son sperme, il introduit l'un de ceux-ci dans l'orifice génital de la femelle, qu'il immobilise en la mordant à une nageoire pectorale ou dans le cou. Les cicatrices laissées par ces ébats sont parfois terrifiantes ! La fécondité des requins est faible : les espèces les plus prolifiques produisent quelques dizaines d'œufs, exceptionnellement plus, alors que les poissons osseux en émettent des milliers. Les périodes de gestation sont longues, jusqu'à près de deux ans chez l'aiguillat. Plusieurs modes de développement conduisent à la naissance des juvéniles. Les ovipares (roussette, requin de Port-Jackson, requin zèbre…) pondent des œufs de matière cornée, translucide et pourvus de vitellus, dont l'embryon se nourrit. Chez les ovovivipares (requin baleine, aiguillat, squale bouclé…), chaque œuf éclot à l'intérieur de la mère, ainsi protégé des prédateurs. Les jeunes du requin taureau ou du requin taupe présentent un comportement des

plus étonnants : ils pratiquent le cannibalisme intra-utérin, ou oophagie, consistant, pour le premier-né, à dévorer les œufs non fécondés ou les autres embryons de sa propre portée ! Enfin, certaines espèces dites vivipares (milandre, marteau, requin à pointe blanche…) présentent un mode de reproduction très élaboré : les embryons ne grandissent pas à l'intérieur d'un œuf, mais sont nourris, dans le ventre de la mère, grâce à un placenta similaire à celui des mammifères, et par l'intermédiaire d'un cordon ombilical. À la naissance, la physionomie des juvéniles est proche de celle des adultes.

Longévité Connue seulement chez un nombre limité d'espèces, la longévité des requins est très variable : seize ans pour l'émissole douce (*Mustelus canis*), quarante ans pour le requin taupe (*Lamna nasus*), et plus de cent ans pour le requin baleine (*Rhincodon typus*).

Parade nuptiale de requins pointes blanches de récifs ou requins corail. Chez les petites espèces, le mâle peut s'enrouler autour de la femelle ; chez les plus grandes, mâle et femelle se positionnent côte à côte, opposés ventralement.

Un petit rémora collé à la peau
d'un requin de récif, aux Bahamas.
La première nageoire dorsale
de ce curieux poisson est modifiée
en un disque ovale faisant office
de ventouse.

PILOTES ET RÉMORAS

Le poisson-pilote ne guide pas le requin, comme on le croyait autrefois, mais le suit dans ses déplacements, grappillant les restes de ses repas. En plongée, on observe souvent des requins escortés de carangues (*Caranx*), rayés noir et jaune. Ils nagent en avant du requin, s'approchent, vous tournent autour et, tout d'un coup, s'en retournent précipitamment auprès de leur hôte.

Muni sur la tête d'une ventouse (transformation de la première nageoire dorsale), le poisson **rémora** (*Echeneis naucrates*) se colle aux requins, tortues, et cétacés, par lesquels il se fait transporter, et les débarrasse de leurs parasites. Durant l'Antiquité, on lui attribuait la propriété fantastique d'arrêter des navires en pleine course... Au XVIe siècle, le médecin Ambroise Paré l'appelait « poisson petit malotru » et le classait parmi les « choses merveilleuses et monstrueuses ». Le naturaliste Pierre Belon, lui, préférait le considérer comme *dejectamenta marina*, ou déchet de la mer !

Certaines zones coralliennes constituent de véritables « stations de nettoyage » où les requins recourent aux services de poissons *Labridæ* et de crevettes (notamment la jolie *Stenopus hispidus*) qui ôtent de leurs yeux, de leurs ouïes et de leurs branchies les petits crustacés (isopodes et copépodes) qui les parasitent.

On a écrit que les requins avaient soumis à leur empire un très petit poisson du genre des gades, que celui-ci précédait son maître dans ses voyages, qu'il lui indiquait les endroits de la mer les plus poissonneux [...] et qu'en reconnaissance de services ainsi signalés, il en était efficacement protégé [...]. Les observations que je vais publier sur ce sujet montrent le contraire. »
(Étienne Geoffroy Saint-Hilaire, professeur au Muséum d'Histoire naturelle, depuis la frégate l'*Alceste*, près de Malte, 1798)

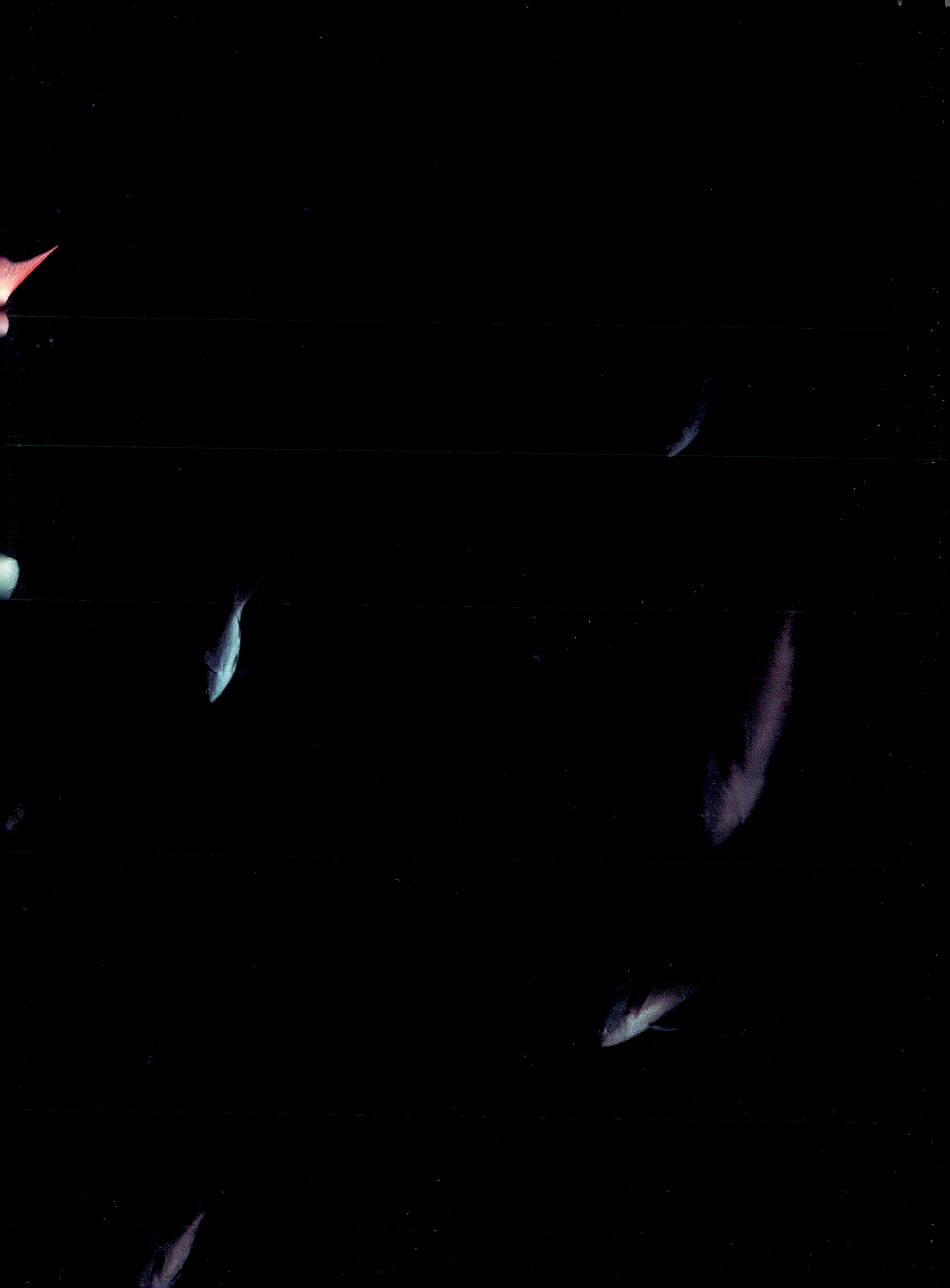

Double page précédente :
Rencontre entre un requin marteau à festons et un petit poisson-créole. Îles Cocos.

Ci-contre :
Requin dagsit, rémora et coureurs arc-en-ciel. Ceux-ci se déparasitent en se frottant à la peau râpeuse du requin. Maldives.

Dans l'écosystème aquatique, les requins ont un rôle écologique important : ils maintiennent "la bonne santé" des populations de proies qui constituent les maillons inférieurs de la chaîne alimentaire ; la destruction du maillon terminal risque de perturber l'ensemble du système. » (Bernard Seret, chercheur à l'Institut pour la Recherche et le Développement, responsable du groupe Requins d'ElasmoFrance, Société française d'Ichtyologie)

UN RÔLE ÉCOLOGIQUE ESSENTIEL

Situés en fin de chaîne alimentaire, les requins n'ont comme prédateurs que les humains, les orques et d'autres requins. À la fois prédateurs et charognards, ils ont un rôle essentiel dans la régulation et l'équilibre des écosystèmes marins, en éliminant les animaux malades et génétiquement défectueux et en stabilisant les populations. Quelles seraient les conséquences d'un océan sans requins sur la chaîne alimentaire ? Un exemple récent laisse envisager les déséquilibres que cette situation provoquerait : certaines espèces se développeraient de façon anarchique, faute de prédateur, et induiraient la disparition d'autres espèces, par une prédation accrue. Ainsi, en Tasmanie, une pêcherie de requins s'est récemment effondrée après plusieurs années de surpêche. Peu de temps après, les prises de langouste baissèrent considérablement, et les pêcheurs observèrent que les poulpes, proies des requins et prédateurs de la langouste, pullulaient. Dès lors que le nombre de poulpes ne fut plus contrôlé par les requins, ils devinrent si nombreux qu'ils décimèrent les langoustes.

Page de droite :
La formidable puissance du grand requin blanc dévorant un thon, au large du Mexique. La nature n'oppose que peu d'ennemis à ce grand prédateur, situé en fin de chaîne alimentaire. Seuls les orques et quelques grands requins constituent une réelle menace pour les individus adultes.

Huit ordres de requins

Depuis la toute première classification des raies et des requins établie par Linné au milieu du XVIIIe siècle, bien des classifications ont vu le jour. Celle qu'a proposée en 1973 (et remise à jour en 1984) Leonard J. V. Compagno a été largement adoptée par le monde scientifique. Elle se fonde sur un ensemble de critères morphologiques et anatomiques : nombre de fentes branchiales, présence ou absence de certaines nageoires... Les requins y sont classés en huit ordres, subdivisés en une trentaine de familles. Aujourd'hui, près de cinq cents espèces de requins sont recensées. Grâce au développement des méthodes de biologie moléculaire, l'étude du patrimoine génétique permet d'affiner l'identification des espèces et d'en établir une classification plus « naturelle », déterminée par leurs relations de parenté.

1. Hexanchiformes (« requin à collerette, requin griset, requin perlon »)

• six (chez *Hexanchus*) ou sept (chez *Heptranchias* et *Notorynchus*) paires de fentes branchiales
• Bouche au bout du museau
• Une nageoire anale
• Une seule nageoire dorsale, sans épine, placée loin en arrière du corps
• Dents de la mâchoire supérieure petites, étroites pour saisir les proies, celles de la mâchoire inférieure, grandes et en scie, pour les couper.
• Exclusivement marins, vivant surtout en profondeur, des eaux froides boréales aux zones tempéréeset tropicales atlantiques et indo-pacifiques
• Ovovivipare
• Biologie mal connue

Deux familles, cinq espèces

Les cinq espèces connues de cet ordre sont des requins dits « primitifs », présentant de grandes similitudes avec des espèces de l'ère secondaire, trouvées à l'état fossile.

a | Chlamydoselachidae

L'étrange **requin lézard** ou **requin à collerette** (*Chlamydoselachus anguineus*), au corps serpentiforme (2 m maximum), vit près du fond, dans les eaux profondes indo-pacifique et est-atlantique (120-1500 mètres). Ses six fentes branchiales au rebord plissé forment une collerette dont la première s'étend sous la gorge. S'ouvrant au bout du museau, la bouche est armée de quelque trois cents petites dents à trois pointes, disposées en rangées, formant un millier de petits crochets acérés... La nageoire de la queue ne comporte qu'un lobe supérieur, très allongé, en forme de fouet. Une femelle peut porter dix à quinze embryons qui se développent chacun à partir d'un œuf énorme, de 10 centimètres, constituant les plus grandes cellules du monde vivant !

b | Hexanchidae (requins grisets)

Présent dans toutes les mers tempérées à sub-tropicales, le **requin griset** (*Hexanchus griseus*) vit près du fond durant le jour, jusqu'à des profondeurs de 2 000 mètres, et remonte vers les eaux de surface la nuit, pour se nourrir. Son corps est trapu, fusiforme (jusqu'à 7 mètres de long) et sa tête est terminée en museau conique portant six longues fentes branchiales. Les dents de sa mâchoire supérieure ont la forme de crocs, celles de sa mâchoire inférieure, de peignes. Sur sa tête, une tache pâle, appelée « troisième œil », indique la position de l'organe pinéal dont la fonction pourrait être de détecter la lumière venant de la surface et de réguler les hormones de la reproduction. Très prolifique, une femelle peut porter une centaine d'embryons !

2. Squaliformes (« squales, chiens de mer »)

• cinq paires de fentes branchiales
• Deux nageoires dorsales, souvent pourvues d'une épine, la première au niveau de la base des nageoires pelviennes
• Pas de nageoire anale
• Spiracles présents
• Beaucoup d'espèces à organes luminescents
• Exclusivement marins, des eaux tempérées aux eaux tropicales profondes ; la plupart vivent près du fond, souvent entre 300 et 700 mètres, parfois jusqu'à près de 3 000 mètres
• Certaines espèces effectuent des migrations verticales nocturnes
• Ovovivipares

Cinq familles, près d'une centaine d'espèces.

1.a

1.b

2

3

4

5

1a : Requin lézard (*Chlamydoselachus anguineus*).

1b : Requin griset (*Hexanchus griseus*).

2 : Squale nain (*Squaliolus laticaudus*).

3 : Ange de mer du Pacifique (*Squatina californica*).

4 : Requin scie à long nez (*Pristiophorus cirratus*).

5 : Renard à gros yeux (*Alopias superciliosus*).

Centrophoridae (squale chagrin, requin savate), **Dalatiidae** (centrine, pailona, requin pygmée, laimargue), **Echinorhinidae** (squale bouclé), **Squalidae** (squale, aiguillat), **Etmopteridae** (sagre)

3. Squatiniformes (« anges de mer »)

- Corps aplati
- cinq paires de fentes branchiales
- Deux nageoires dorsales sans épine
- Pas de nageoire anale
- Bouche presqu'au bout du museau, entourée de barbillons
- Nageoires pectorales très développées, séparés de la tête par des encoches
- Nageoire caudale au lobe inférieur légèrement plus long que le supérieur
- Grands spiracles dorsaux
- Dissimulés dans le sable ou la vase, ils se projettent sur les proies (poissons, crustacés) passant à leur portée et les happent de leur puissante mâchoire.
- Généralement sans danger, ils peuvent toutefois infliger de sérieuses blessures s'ils sont provoqués.
- Jusqu'à 2,50 mètres de long
- Exclusivement marins, des zones tempérées à tropicales de l'Atlantique est et ouest, Indien sud-ouest, est et ouest Pacifique, jusqu'à 1 000 mètres
- Ovovivipare
- Une famille (**Squatinidae**), un genre (*Squatina*), treize espèces

4. Pristiophoriformes (« requins scies »)

- Long rostre bordé d'épines (alternativement courtes et longues) avec lequel ils fouissent le fond, à la recherche de proies (poissons et invertébrés)
- Deux longs barbillons, à mi-longueur du rostre
- Deux grandes nageoires dorsales, sans épine
- Pas de nageoire anale
- Grands spiracles
- cinq (*Pristiophorus*) ou six (*Pliotrema*) paires de fentes branchiales, sur les côtés de la la tête
- Marins mais fréquentent aussi les estuaires, des zones tempérées et tropicales dans l'atlantique ouest (Floride, Bahamas, Cuba), l'océan Indien sud-ouest (Afrique du Sud) et Pacifique ouest (sud de l'Australie, Japon), 0-1000 mètres
- Ovovivipare
- Une famille (**Pristiophoridae**), deux genres (*Pristiophorus*, *Pliotrema*), cinq espèces

5. Lamniformes (« requins à maquereaux »)

- cinq paires de fentes branchiales
- Deux nageoires dorsales, sans épines
- Une nageoire anale
- Une bouche s'étendant en arrière des yeux.
- De petits spiracles souvent présents derrière les yeux
- De la côte au grand large, des zones tempérées froides aux zones tropicales des océans Atlantique et Indo-Pacifique
- Ovovivipare
- Sept familles, seize espèces

Odontaspididae (requin de sable, requin taureau), **Mitsukurinidae** (requin lutin), **Pseudocarchariidae** (requin crocodile), **Megachasmidae** (requin grande gueule), **Alopiidae** (requin renard), **Cetorhinidae** (requin pèlerin), **Lamnidae** (requin taupe, mako, grand requin blanc)

6. Carcharhiniformes (« roussettes, requins bleus... »)

(du grec *karcharos*, pointu, et *rhino*, nez)

- cinq paires de fentes branchiales
- Deux nageoires dorsales sans épine
- Une nageoire anale
- Long museau avec une large bouche dépassant presque le niveau des yeux
- Une membrane (dite nictitante) pouvant être relevée pour protéger leurs yeux
- Eaux tempérées et tropicales, indo-pacifiques et atlantiques
- Quelques espèces dans les estuaires et les eaux douces
- Ovipare, ovovivipare ou vivipare
- Huit familles, près de deux cent cinquante espèces

Scyliorhinidae (holbiches, chiens de mer, roussettes), **Proscylliidae** (requin chat), **Pseudotriakidae** (requin à longue dorsale), **Leptochariidae** (émissole barbue), **Triakidae** (requin hâ, émissole, virlis), **Hemigaleidae** (milandres), **Carcharhinidae** (requin soyeux, requin tisserand, requin requiem...), **Sphyrnidae** (requins marteaux)

7. Hétérodontiformes (« requins dormeurs »)

- Tête globuleuse, avec une crête osseuse au-dessus des yeux et de forts sillons entre la bouche et les narines
- Deux nageoires dorsales pourvues chacune d'une forte épine
- Une nageoire anale
- cinq paires de fentes branchiales
- De 50 centimètres à 1,70 mètre de long
- Passent la journée posés sur le fond et chassent la nuit, en se propulsant par les mouvements de leur queue

ou en s'aidant de leur nageoires pectorales

- Eaux côtières tempérées chaudes et tropicales des océans Indien et Pacifique
- Ovipare
- Une famille (**Heterodontidae**), huit espèces (dont le requin de Port-Jackson, *Heterodontus portusjacksoni*)

8. Orectolobiformes (« requin carpette, requin tapis, requin nourrice »)

- 5 paires de fentes branchiales
- Bouche petite (sauf chez le requin baleine), au bout du museau, en avant des yeux, portant des barbillons de taille et de forme variées
- De gros sillons entre les narines et les commissures de la bouche.
- Grands spiracles
- Deux nageoires dorsales, sans épines
- Nageoire caudale avec un grand lobe supérieur, presque horizontal, dans le prolongement de l'axe du corps
- Une nageoire anale
- Sur les côtes sableuses ou près des récits des eaux côtières tropicales atlantiques et indo-pacifiques.
- Ovipares ou ovovivipares
- Sept familles (tous les spécialistes ne s'accordent pas sur ce nombre), une trentaine d'espèces

Parascyllidae (requin carpette), **Bracheluridae** (requin aveugle), **Orectolobidae** (requin tapi), **Hemiscylliidae** (requin chabot, requin bambou), **Ginglymostomatidae** (requin nourrice), **Stegostomatidae** (requin zèbre), **Rhincodontidae** (requin baleine)

6 : Profil d'un requin requiem montrant la mobilité de la mâchoire supérieure.
7 : Requin dormeur taureau (*Heterodontus portusjacksoni*) posé sur le fond marin. Baie de Jervis, Australie.
8 : Requin léopard (*Stegostoma varium*). Phuket, îles Similan, Thaïlande.
9 : Requin baleine (*Rhincodon typus*) vue de face. Ningaloo Reef, Australie-Occidentale.

Ci-contre haut et bas :
Requin dormeur taureau. Vue de face, sa tête massive pourvue d'un museau aux larges narines ressemble à celle d'un cochon, d'où l'appellation de cochon de mer qui lui est parfois attribuée. On aperçoit les petites dents pointues de la mâchoire inférieure, destinées à saisir les proies. Grande Barrière de corail, Australie.

Page de droite, en haut :
Requin chabot ocellé. Australie.

Page de droite, en bas :
Requin tapis orné. Australie-Occidentale.

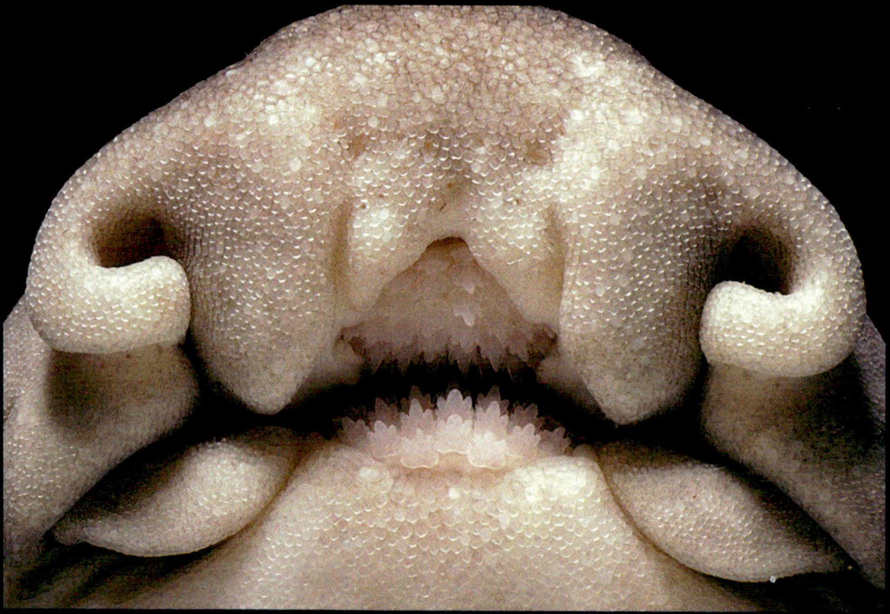

Requins étudiés

Il est très goulu, il dévore les hommes entiers, comme on a connu par expérience ; car, à Nice et à Marseille, on a autrefois pris des lamies [*grands requins blancs*], dans l'estomac desquelles on a trouvé un homme armé entier. Je crois qu'on a appelé "L'amie" certaines sorcières [*qui*], pour avoir grande envie de manger de la chair humaine par tous moyens de plaisirs, attiraient à [*elles*] de beaux jeunes hommes, pour après les manger. »
(Guillaume Rondelet, *Histoire entière des poissons*, 1558)

Double page précédente :
Grand Livre des poissons, Italie, vers 1600. Reliure aux armes de Louis XIV. Gouache sur vélin.

Ci-dessous :
Requin dévorant un homme
(Th. Herbert, *A Description of the Persian Monarchy*, Londres, 1634).

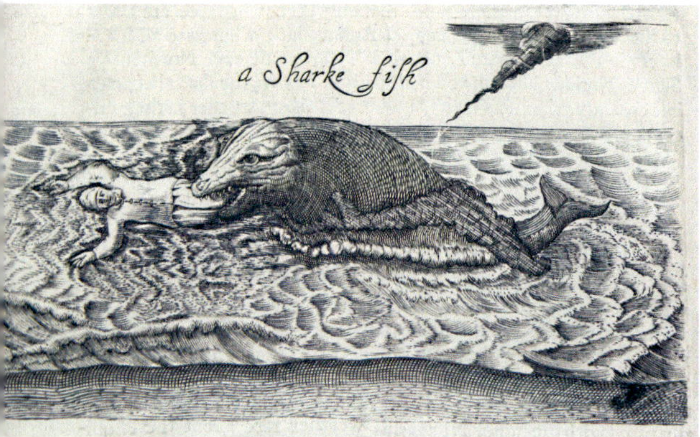

Dans son *Histoire du monde animal* (IVe siècle avant J.-C.), Aristote fournit les premières connaissances sur la biologie des requins. Il décrit leur reproduction et les modes de développement des fœtus, en pratiquant la dissection de spécimens rapportés par des pêcheurs. Tourné vers le savoir théorique, la religion et le merveilleux, le Moyen Âge n'apporte pas de nouvelles observations sur les requins. L'évocation des peuplements marins se limite alors à celle de monstrueuses créatures qui, dit-on, hantent le fond des océans… Un siècle et demi se déroulera avant que de nouvelles observations soient réalisées sur les requins. Redécouvrant les travaux d'Aristote, les naturalistes de la Renaissance décrivent et illustrent différentes espèces (émissole, requin renard…) en s'efforçant de les classer d'après leur forme ou leur milieu de vie. Mais ces descriptions restent empreintes d'observations fantaisistes ou exagérées, souvent inspirées de récits racontés ici ou là par des voyageurs. C'est ainsi que Pierre Belon du Mans évoque, non sans émotion, le requin marteau, « plus dommageable que nulle autre bête de sa sorte » (*La Nature et diversité des poissons,* 1555). Guillaume Rondelet estime quant à lui que le monstre marin qui, dans la *Bible*, engloutit Jonas, est sûrement un grand requin…

LES LANGUES DE PIERRE

Jusqu'au XVIIe siècle, on ne fit pas le rapprochement entre les dents que l'on trouvait enfouies dans des sédiments anciens et les dents de requins vivants. On les nomma « glossopètres », du grec *glossos*, langue, et du latin *petra*, pierre. Dans ces « langues de pierre », on croit reconnaître des « jeux de la Nature ». Pour certains, elles prennent naissance dans la tête des crapauds, pour d'autres, ce sont les langues pétrifiées

Page de droite, en haut : « Le requiem de la peau duquel on fait le chagrin », Codex canadiensis, 1700.
En bas : *Le Regnard d'eau des Latins et des Grecs* (Belon, *La Nature et diversité des poissons, avec leurs pourtraicts, representez au plus près du naturel...*, 1555).

Le Requiem de La peau du quel on fait Le chagrin

3

Le regnard d'eau des Grecs & Latins.

« Dans l'île de Malte et en Sicile, on trouve de ces dents en quantité sur les bords. Les anciens naturalistes les prenaient pour des langues de serpent. Elles sont si compactes qu'après [*être*] restées pendant plusieurs siècles dans la terre elles ne sont point encore corrompues. »
(Marcus Bloch, *Histoire naturelle générale et particulière des poissons*, an X)

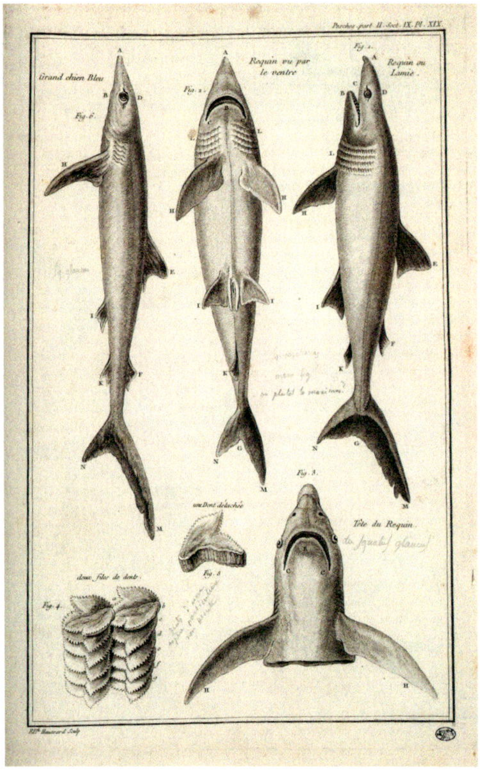

Ci-dessus :
« Grand chien bleu et autres requins » (Duhamel du Monceau, *Traité des Pesches et Histoire des poissons qu'elles fournissent*, 1769-[1782]).

de serpents de l'île de Malte. Elles tomberaient du ciel durant les éclipses de lune ou seraient le dard de la foudre ! Broyées en poudre, elles guérissent des morsures de serpents et des enchantements. Sur les tables étaient autrefois placés des languiers, objets d'orfèvrerie auxquels on accrochait des glossopètres : on trempait ceux-ci dans son verre avant d'en goûter le contenu afin de neutraliser un éventuel poison ! Dans le folklore japonais, les dents du *Carcharadon megalodon* sont les ongles de l'homme de Tengu, terrifiant démon des montagnes.

Au XVIIe siècle, missionnaires et voyageurs naturalistes découvrent des requins dans toutes les mers du monde. Mais les récits qu'ils en font portent essentiellement sur quelques grandes espèces, dont ils décrivent la voracité prédatrice. César de Rochefort évoque ainsi, dans son *Histoire naturelle et morale des îles Antilles de l'Amérique* (1665), le requiem, ou tiburon, « le plus avide de chair humaine » : « Il suit souvent les navires, pour se repaître des immondices que l'on jette en mer. Ces monstres paraissent de couleur jaune dans l'eau. [Certains] sont d'une grandeur et d'une grosseur démesurée, et [...] sont capables de couper tout net un homme en deux. » Ces récits frappèrent fortement l'imaginaire des Européens. Et probablement contribuèrent-ils à créer la peur du requin, perpétuée jusqu'à nos jours...

Au XVIIIe siècle, les connaissances acquises en anatomie comparée améliorent la classification des poissons et distinguent les espèces à squelette cartilagineux ou osseux. Aux travaux du médecin Peter Artedi font suite ceux de Carl von Linné, qui établit la nomenclature moderne, attribuant deux noms latins à chaque espèce, le premier désignait le genre, le second l'espèce ; mais la classification du *Systema naturæ*, publiée en 1758, place encore les requins parmi les *Amphibia nantes*, aux côtés des reptiles ! Lors des grandes expéditions maritimes (menées par Bougainville, Wallis, Cook...) du siècle des Lumières, de nouvelles espèces sont découvertes. Dans les écrits de Duhamel du Monceau (*Traité général des pêches*, 1769-1782) ou de Marcus E. Bloch (*Histoire naturelle générale et particulière des poissons*, 1785), des descriptions précises côtoient encore des images superstitieuses, et la frayeur inspirée par les requins demeure bien présente. Buffon

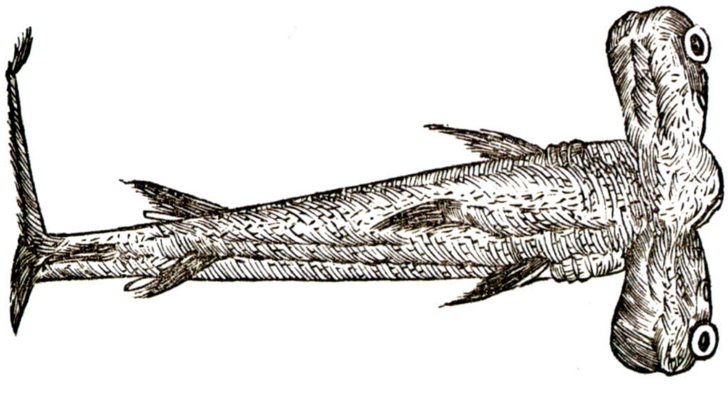

Ci-contre :
« Panapana, espèce de poisson » [requin marteau] (André Thévet, *Les Singularités de la France antarctique*, 1558).

Ci-dessus :
Canis carcharias (Jan Jonston, *Historiae naturalis de Piscibus et Cetis*, 1657)

Ci-contre :
Requien et sa pêche (Jean-Baptiste Labat, *Nouvelle relation d'Afrique occidentale, contenant une description exacte du Sénégal...* 1728).

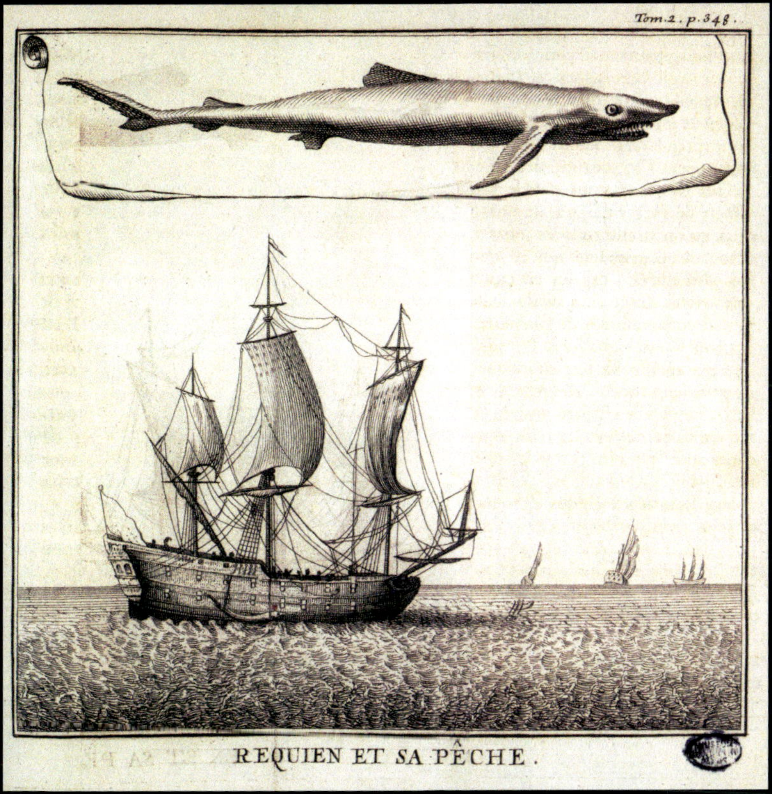

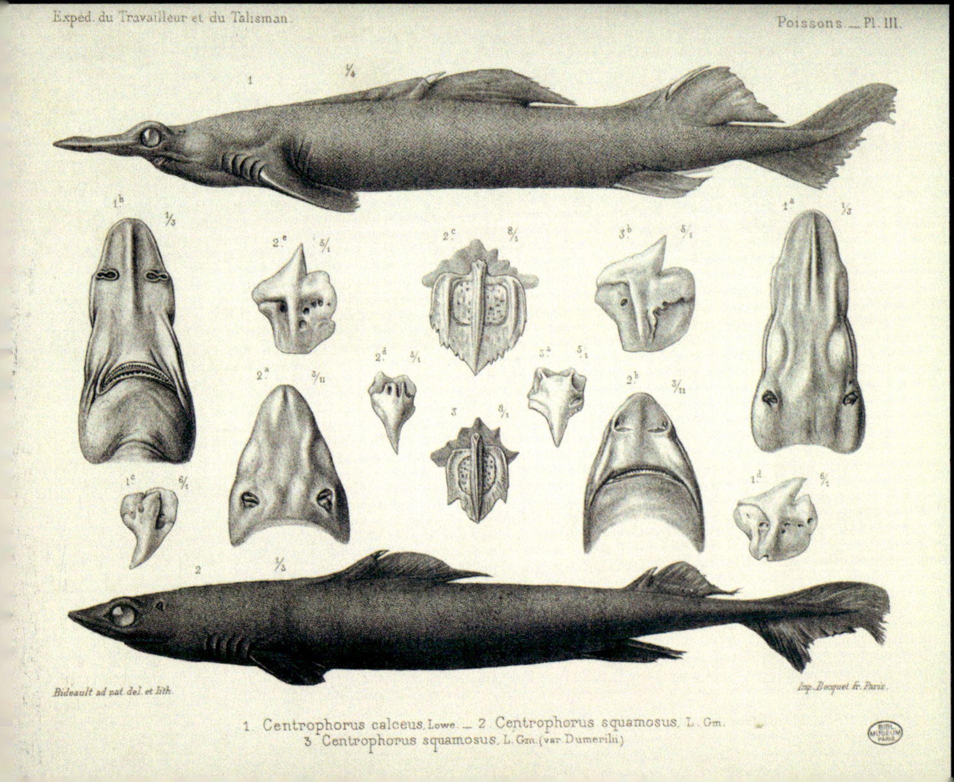

Ci-dessus :
« Milandre (Galeus canis) » (Paul Gaimard, *Voyage en Islande et au Groënland exécuté pendant les années 1835 et 1836, sur la corvette la Recherche*, 1838-1852).

Ci-contre :
« Requin savate et squale chagrin » (A. Milne-Edwards, *Expéditions scientifiques du Travailleur et du Talisman, 1888*).

Page de droite :
« Aiguillat, Humantin et Ange » (Abbé Pierre Joseph Bonnaterre, *Tableau Encyclopedique et Methodique des Trois Regnes de la Nature: Ichthyologie*, 1788).

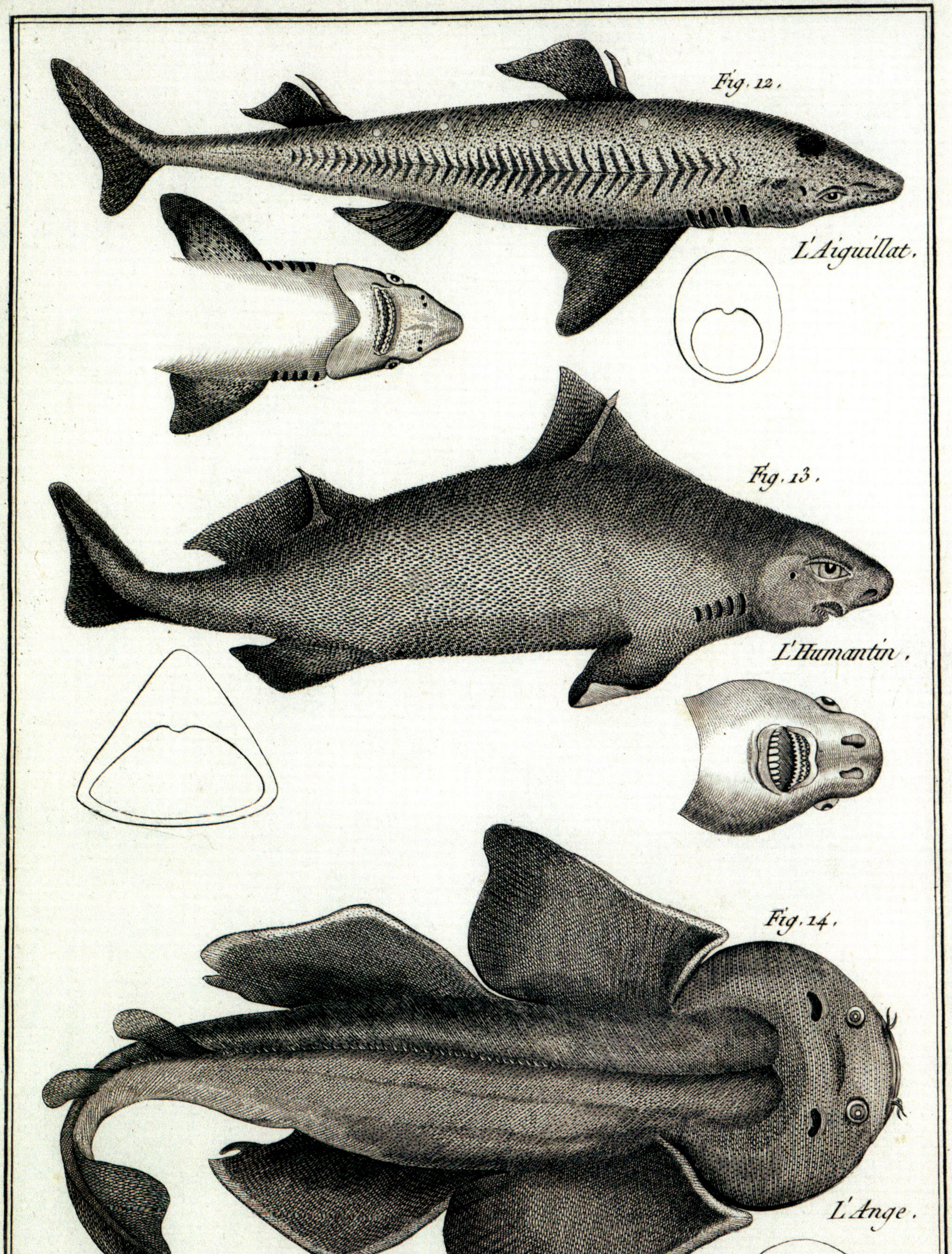

Benard Direxit.

HISTOIRE NATURELLE.

« Requin à bord ». Rapport sur
les résultats scientifiques du voyage

souligne ainsi l'horreur inspirée par le requin qui escorte « avec acharnement » les navires négriers jusque dans les ports des colonies américaines, attendant « pour les engloutir, les cadavres des Noirs qui succombent sous le poids de l'esclavage ou aux fatigues d'une dure traversée » (*Histoire naturelle, générale et particulière des poissons*, 1803). Avec les travaux de Georges Cuvier et d'Achille Valenciennes, en liaison avec de nombreux correspondants naturalistes établis outre-mer, l'imaginaire s'estompe peu à peu au profit de l'analyse scientifique. Auguste Duméril (*Histoire naturelle des poissons*, 1870) remet en cause nombre d'idées reçues sur les « tigres de la mer ».

Les grandes campagnes océanographiques de la seconde moitié du XIXe siècle permettent d'étudier les requins dans un esprit de vraie rigueur scientifique. L'expédition du navire britannique H.M.S. *Challenger* autour du monde (1872-1876), les campagnes françaises du *Travailleur* et du *Talisman* dans le golfe de Gascogne et en Méditerranée (1880-1883) ou celles du prince Albert Ier de Monaco rapportent de nombreuses espèces profondes, donnant lieu à de minutieuses descriptions. Durant la première moitié du XXe siècle, de multiples études menées aussi bien dans le domaine de la recherche scientifique que dans celui de la prévention des attaques font progresser considérablement la connaissance des requins.

Ci-dessus :
Le navire H.M.S. *Challenger* durant son grand voyage de circumnavigation,1873-76.

Double page suivante :
De haut en bas :
« *Squalus carcharias*, Grand requin blanc » (Marcus Bloch, *Ichthyologie, ou Histoire naturelle, générale et particulière,* « des poissons », 1785-1797).
Requin griset. (Bonnaterre, 1788) collecté le 10 janvier 1880. *Les Poissons de la mer de Nice* (coll. Muséum d'Histoire naturelle de Nice, Vincent Fossat Pinxt.).
« *Loxodon macrorhinus*» (Muller et Henle, *Systematische Beschreibung der Plagiostomen. Berlin*, 1841).
« *Carcharias (Prionodon) japonicus* » (Philipp F. von Siebold, *Fauna Japonica, sive descriptio animalium*, 1833-50).

Il ne faut pas beaucoup d'adresse pour le prendre : comme il est extrêmement goulu, il se jette avidement sur tout ce qu'on lui présente ; ordinairement, c'est un gros hameçon couvert d'une pièce de lard attaché à une bonne chaîne de fer. Lorsqu'il n'est pas bien pressé de la faim, il s'approche de l'appât, l'examine, tourne autour, semble le négliger… Lorsqu'on a pris assez de plaisir à voir toutes ses démarches, on tire la corde et on fait semblant de retirer l'appât hors de l'eau. Son appétit se réveille alors tout de bon : il se jette goulûment sur le lard et l'avale… Il fait jouer ses mâchoires pour couper la chaîne, s'élance en avant et fait des bonds furieux […]. On le laisse se débattre, puis on tire la corde, la tête hors de l'eau ; on glisse une autre corde avec un nœud coulant que l'on glisse jusqu'à la naissance de la queue où on la serre ; il est alors aisé de le lever dans le bâtiment… » (Jean-Baptiste Labat, *Nouvelle Relation d'Afrique occidentale*, 1728)

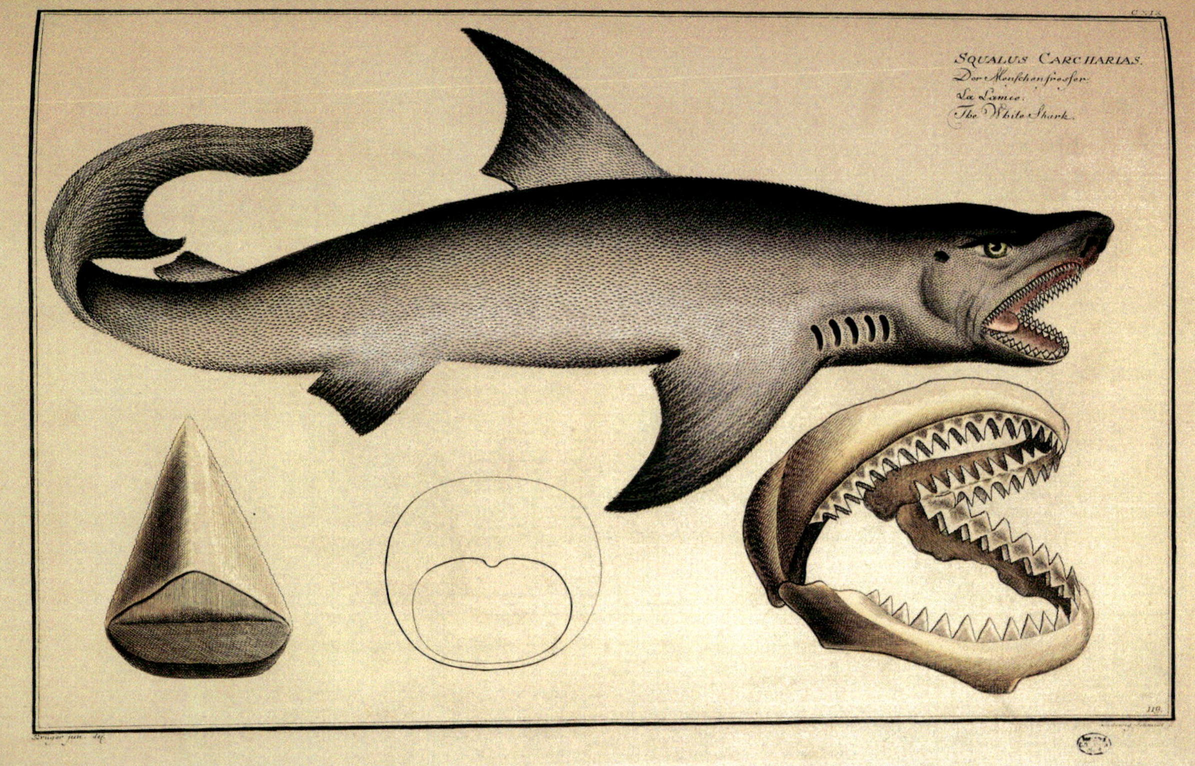
CXIX
SQUALUS CARCHARIAS.
Der Menschenfresser.
La Lamie.
The White Shark.

Pl. 27.
10 Janvier 1880 dessiné sur la Plage V. Fossat.
grosseur Naturelle

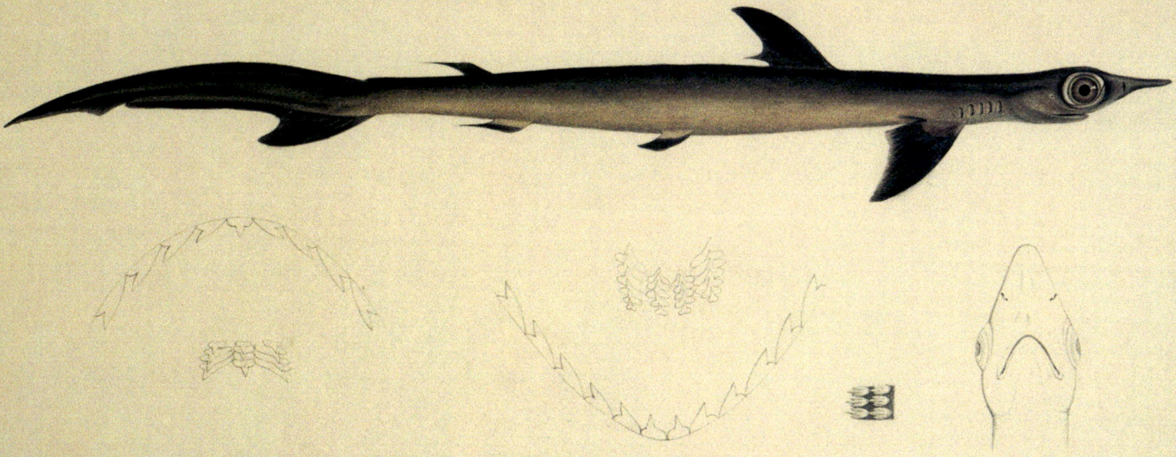

LOXODON MACRORHINUS.

Aujourd'hui, partout dans le monde, instituts de recherches, équipes universitaires et autres laboratoires privés développent de multiples investigations pour mieux connaître les requins. En France, les chercheurs (Daniel Sellos, Samuel Iglésias) du Laboratoire de Biologie marine de Concarneau, (Département Milieux et peuplements aquatiques, MNHN), axent notamment leurs recherches sur l'identification d'espèces profondes grâce aux méthodes de biologie moléculaire. Elles donnent lieu à diverses applications pratiques, en particulier dans le domaine, en plein développement, de la « traçabilité » des produits de la mer. Les nombreux travaux menés sur les requins par Bernard Seret, chercheur à l'IRD (Institut de Recherche pour le Développement), dans les domaines des inventaires faunistiques, de la conservation et de l'expertise, contribuent également au fonctionnement d'un réseau d'études internationales sur ces animaux.

OBSERVER LE REQUIN EN PLONGÉE

Durant les années 1960, grande époque du développement de la plongée sous-marine, les Français Marcel Isy-Schwartz et Jean Foucher-Créteau et l'Autrichien Hans Hass médiatisent leurs observations. Ils présentent au grand public leurs expéditions de chasse dans des livres et des films voire lors de conférences, notamment celles, très attendues, de la salle Pleyel, à Paris. Mais, dans la plupart de ces reportages, prédomine la vision du requin tueur qu'affrontent ces aventuriers, armés de fusils et de harpons.

Grand amoureux de la mer, le commandant Jacques-Yves Cousteau, caméra au poing, initie le grand public au comportement des requins de toutes les mers du globe. Les Australiens Ron et Valérie Taylor tournent également des reportages

LES BAIGNEURS DES COTES DE FLORIDE COURENT LE DANGER D'ÊTRE DÉVORÉS PAR DES REQUINS

LES côtes de la Floride sont fréquentées par de grands poissons redoutables : par des requins et par des barracudas. Ces derniers, qui ressemblent vaguement à nos brochets, atteignent une taille de 2 mètres, et justifient leur réputation de férocité en attaquant parfois les baigneurs.

Quant aux requins, nous connaissons leurs mœurs! Le nom seul de ces monstres voraces suffit pour nous faire passer un frisson dans tout notre système nerveux !

On conçoit donc que les riches oisifs des États-Unis hésitent à venir servir d'appâts à ces indésirables visiteurs !

Pour conjurer le péril, ces entreprenants industriels ont ouvert une campagne admirablement organisée, en se donnant, comme but principal, la production de preuves qui démontreront matériellement que, si les requins des autres régions peuvent être dangereux, ceux de la Floride sont inoffensifs!...

Des agneaux ! des agneaux nouveau-nés !...

Dans ce but, ils ont engagé à leur service un fameux chasseur de requins, connu sous le nom de capitaine Ryan, qui, sous les yeux des villégiaturistes, s'en va folâtrer dans le voisinage des horribles squales.

Ci-contre :
Le capitaine Ryan, célèbre chasseur de requins des années 1920...
(*Sciences et Voyages*, 1923).

Ci-dessus :
Le requin léopard, des eaux côtières tropicales, passe une grande partie du temps à nager lentement près du fond. Phuket, îles Similan, Thaïlande.

« Ils sont maintenant plus d'une dizaine à monter, à descendre, à passer, à revenir, à tourner, à piquer dans les fonds, à revenir, à s'agiter. Peut-être leur énervement vient-il du fait que chacun voudrait – sans oser tout à fait – être celui qui se lance le premier pour être sûr de s'assurer une large proie avant la curée. »
(G. Doukan, *Face aux requins de la mer Rouge*, 1954)

sous-marins de grande qualité, parfois risqués, allant jusqu'à revêtir des combinaisons de protection, sortes de cottes de mailles d'acier pour se protéger des morsures ; ils sont les premiers à filmer un grand blanc sous l'eau. En 1971, le réalisateur américain Peter Gimbel tourne le film *Bleue est la mer, blanche est la mort*, traquant, des côtes d'Afrique du Sud à celles de l'Australie, les requins les plus dangereux, et donnant ainsi à voir d'époustouflantes séquences.

Aujourd'hui, la plongée sous-marine s'est beaucoup popularisée, et la plupart des plongeurs sont conscients de la fragilité des requins et soucieux de leur préservation. À eux seuls revient le privilège d'observer ces animaux dans leur milieu naturel ! La recherche de nouveaux produits commerciaux conduit néanmoins certains clubs de plongée et agences de voyages à organiser, en Californie ou en Australie notamment, des plongées « à sensation », comme les séances de nourrissage, ou *shark-feeding*, consistant à proposer du poisson aux requins pour les observer de près. Traités comme des bêtes de spectacle, les requins sont incités à nager en cercle, à ronger une balle ou à venir se saisir d'un morceau de poisson tendu par la main ou même par la bouche d'un plongeur… Après quelque temps de cette pratique, le simple bruit des moteurs des bateaux parvenant sur les sites de plongée a pour effet d'attirer les requins, accoutumés à ce nourrissage abondant et artificiel dont ils deviennent en partie dépendants. Cette pratique est évidemment loin de satisfaire les autres usagers de ces eaux, pêcheurs à la ligne, chasseurs sous-marins ou simples plongeurs. Plusieurs cas de morsure ont déjà été signalés auprès de plongeurs venus sur ces lieux hors période de nourrissage… Après avoir considéré le requin comme un tueur avide de sang, ne va-t-on pas trop loin en sens inverse, demande George Burgess, directeur de l'*International Shark Attack File*, en lui attribuant cette fois le rôle d'animal familier ?

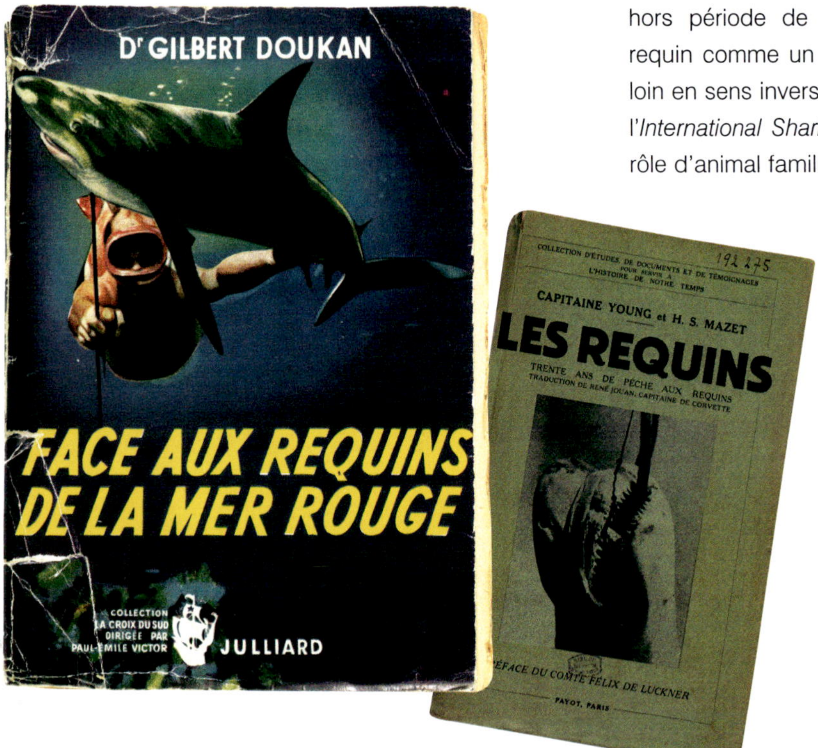

Ci-contre :
Docteurr G. Doukan, *Face aux requins de la mer Rouge*, 1954.

Capitaine Young et H.S. Mazet, *Les Requins. Trente ans de pêche aux requins*, 1934.

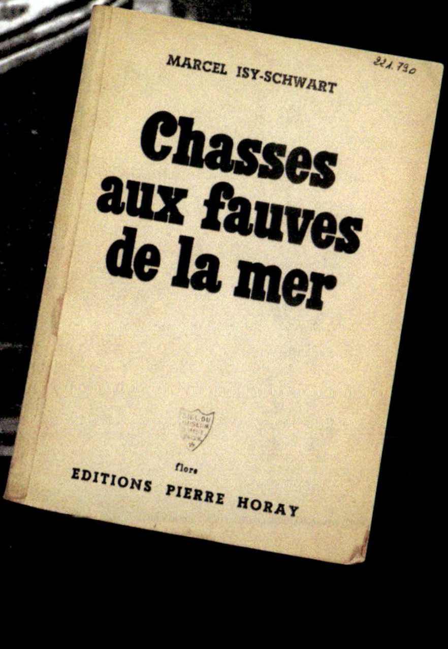

Chasse aux fauves de la mer,
Marcel Isy-Schwartz, 1953.

Double page précédente :
Dans les eaux des Bahamas, un plongeur, revêtu d'une combinaison métallique anti-morsure, propose – de très près ! – un appât à un requin de récif.

Ci-dessus :
Le charmant sourire du grand requin blanc... Île Dyer, Afrique du Sud.

Page de droite :
Bras le long du corps et à genoux, des plongeurs observent des requins de récif lors d'une séance de nourrissage (*shark feeding*), aux Bahamas.

Pour photographier le grand requin blanc, des plongeurs n'hésitent pas à se faire enfermer dans une cage métallique, immergée à quelques mètres sous la surface : émotions garanties ! À la pointe sud de l'Afrique, Dyer Island, repaire de milliers d'otaries à fourrure, le mets favori des grands blancs, est un des hauts lieux de cette activité. Dans son ouvrage, *Requins en liberté*, Gérard Soury décrit ainsi une de ses plongées durant laquelle un grand blanc brisa une amarre de la cage dans laquelle il se tenait, la faisant basculer à l'horizontale : « Cramponné aux mailles d'acier, je peux voir, par la porte d'accès béante, le requin qui n'en finit pas de glisser, de glisser... Mais pas dans la cage, Dieu merci ! Il achève de se libérer d'un coup de queue rageur et pique vers le fond, m'abandonnant à mes sueurs froides, à mes cent quarante pulsations par minute et à une trouille qui n'a pas encore eu le temps d'être rétrospective... » En Thaïlande ou en Australie, l'observation des requins baleine, au caractère placide et à la taille gigantesque, constitue une attraction écotouristique de choix. Mais la proximité de plongeurs, de bateaux et même d'avions les survolant n'aurait-elle pas un effet négatif sur le comportement de ces animaux ?

DROSPHERE
Penmark House,
Aldershot, Hants.
Tel +44 (0)
Fax +44 (0)
VEMCO LIMITED
3895 Shad Bay

REQUINS EN CAPTIVITÉ

Certaines espèces sédentaires s'adaptent bien à la captivité et sont fréquemment présentées par des aquariums. C'est le cas des roussettes et du requin nourrice. Placides, les requins taureaux survivent bien en captivité, et sont très appréciés à cause de leur belle taille et de leur aspect « féroce ». En Californie, le *Monterey Bay Aquarium* présente de jeunes grands blancs. Des aquariums de très grande contenance, techniquement réalisables aujourd'hui, tentent de présenter au public des espèces de taille imposante. Dans les spectaculaires aquariums d'Osaka et d'Okinawa (Japon) et du *Georgia Aquarium*, à Atlanta (États-Unis) évoluent ainsi des… requins baleine ! Les techniques de capture et de transport sont maintenant maîtrisées : capture au filet ou à l'hameçon sans ardillon, transport aérien sous tranquillisant en boîte à circulation d'eau oxygénée…

Double page précédente :
Dans les eaux australiennes, face-à-face entre un plongeur et un grand blanc, séparés seulement par quelques barreaux d'acier... Belles photos en vue, mais frissons garantis !

Page de gauche, en haut :
Traque par satellite de requin pèlerin, au large de l'île de Man. Royaume-Uni.

Page de gauche, en bas :
Un émetteur satellite utilisé pour le suivi des requins pèlerins.

Tags et satellites

Nombre de requins effectuent de grandes migrations. Certains descendent en profondeur et remontent longtemps après ; d'autres, très abondants en certains endroits, disparaissent pendant des mois. Des programmes de marquages et de recaptures (notamment par le *Shark Research Institute* américain) permettent de mieux connaître le trajet de ces migrations. Dans ce but, les scientifiques capturent des spécimens, implantent des marques métalliques ou plastiques (les *tags*) ou des émetteurs radio sur leurs nageoires, ou sous leur peau, et les remettent à l'eau. Diverses informations figurent sur le *tag* : numéro de la zone géographique, date de capture,

Ci-contre :
Tunnel aux requins à l'aquarium de Sydney, Australie.

Des scientifiques australiens posent des balises réceptrices sur le fond de la Grande Barrière de corail. Grâce à elles, ils suivent le parcours et l'activité des requins à ailerons blancs de récif qu'ils ont précédemment munis de balises émettrices. Quelques jours plus tard, ils attrapent à nouveau ces requins, les remontent en surface, sur le pont du bateau, pour leur retirer la balise avant de les relâcher. Les données ainsi enregistrées seront ensuite analysées.

taille du requin, adresse de l'institut de recherche... Quand le spécimen est de nouveau pêché, les informations recueillies sont transmises à un fichier qui centralise l'ensemble de ces données.

Des programmes de suivi ont ainsi révélé que les grands blancs ne sont pas limités aux zones côtières, mais fréquentent aussi les eaux profondes du large, ou que les requins baleine effectuent des migrations saisonnières de plusieurs milliers de kilomètres en l'espace de quelques mois. En partenariat avec d'autres organismes travaillant sur les requins, le *National Marine Fisheries Service*, qui gère les pêcheries commerciales et de loisirs dans l'Atlantique nord, le golfe du Mexique et la mer des Caraïbes, a mené un programme de marquage entre 1962 et 2000, qui a permis de « tagger » plus de cent soixante-cinq mille requins (de quarante espèces différentes), dont plus de neuf mille cinq cents (de trente-deux espèces différentes) furent recapturés. Un autre programme, fondé sur la télémétrie acoustique, a montré que certains requins retournent sur leur lieu de naissance au cours de leurs cycles biologiques annuels.

Toute nouvelle technique, le « crittercam » du *National Geographic* constitue un véritable journal de bord électronique, utilisé notamment pour observer l'activité du requin tigre de la Shark Bay (la baie des Requins), en Australie. Il consiste en une caméra vidéo miniature couplée à des capteurs qui mesurent la profondeur et la température des eaux traversées. Fixé au dos du requin par un harnais et contrôlé par ordinateur, il renseigne sur ses déplacements, hors de toute présence humaine.

DES SATELLITES POUR SUIVRE LES REQUINS

Le système Argos a pour mission de recueillir des informations pour la communauté scientifique. Fixées sur les animaux, les balises (les *pop-up satellite tags*) suivent tous leurs déplacements et enregistrent la température, la profondeur et l'intensité lumineuse des eaux traversées. Quand elles se décrochent et remontent en surface, elles transmettent les données enregistrées vers un satellite, lequel les retransmet à un centre de traitement. Cette technique, qui permet d'obtenir des informations sans avoir à recapturer les animaux, revêt une importance majeure dans les programmes de gestion et de conservation des requins.

Des scientifiques de l'Université de Stanford (Californie) ont récemment utilisé ce système de suivi par satellites Argos, développé par la NOAA (National Oceanographic and Atmospheric Administration) et le CNES (Centre National d'Études Spatiales), pour étudier la migration des requins taupe saumon (*Lamna ditropis*), depuis l'Alaska jusqu'à l'archipel d'Hawaï. Au détroit du Prince-William, en Alaska, les chercheurs ont fixé des balises Argos sur une cinquantaine de femelles et ont suivi leurs déplacements. Plusieurs mois d'études ont montré que certains requins passent tout l'hiver dans les fjords d'Alaska, tandis que d'autres migrent vers les eaux chaudes d'Hawaï, qu'ils résistent au froid grâce à des protéines spécifiques permettant le maintien d'un rythme cardiaque élevé à basse température et que les requins ont coutume de remonter périodiquement à la surface pour se prélasser au soleil !

Opération de « taggage » d'un requin baleine dans le golfe de Tadjoura, Djibouti. Le *tag* est fixé par un ardillon planté derrière le grand aileron dorsal. Restera aux pêcheurs ou aux plongeurs qui le rencontreront à adresser le lieu et la date de son signalement à la *Whale Shark Library*, base de données internationale.

Requins redoutés, requins vénérés

Il y a quelque chose de particulièrement sinistre dans l'aspect d'un requin. La vue de cet aileron hideux traçant des zigzags indolents à la surface de l'eau, puis disparaissant pour devenir encore plus menaçant, suggère une volonté de méchanceté et de mal [...]. La rage, la sauvage furie avec laquelle il se lance à l'attaque, la violence de sa résistance quand il est pris, sa brutale insensibilité aux coups et à la souffrance, lui méritent bien le nom « d'éfrit », symbole de tout ce qu'il y a de plus terrible et de plus monstrueux dans les superstitions des Arabes. » (Capitaine William E. Young, *Trente Ans de pêche aux requins*, 1934)

Au XIXe siècle, alors que la connaissance scientifique des requins se développe, romanciers et journaux populaires s'emparent de ces « mangeurs d'hommes » pour en faire un sujet de prédilection de la presse à sensation.

LES MANGEURS D'HOMMES

Au début du XXe siècle, *Le Petit Parisien* et *Le Petit Journal*, s'appuyant sur des signalements d'attaques de requins, relatent, illustrations à l'appui, la survenue de ces « anthropophages », qui mutilent un nageur ou dévorent la jambe d'un scaphandrier. Des amateurs de pêche sportive, tel l'Américain Hugh Wise (*Les Tigres de la mer*, 1937) ou l'explorateur britannique F.A. Mitchell-Hedges (*Mes combats avec les monstres marins*, 1938), racontent avec passion les démêlés qui les opposent à ces êtres si dangereux. Dans les années 1930, avec le développement des bains de mer, les nageurs sont exposés à davantage d'attaques. Les requins deviennent plus que jamais des bêtes nuisibles, « à abattre » : celui qui a tué doit périr à son tour. Pendant la Seconde Guerre mondiale, les récits terrifiants des attaques subies par les aviateurs obligés de sauter en parachute dans des eaux infestées de requins renforcent encore la peur inspirée par ces animaux. Ces événements

Double page précédente :
Intrigante voire inquiétante, la nageoire dorsale d'un requin pèlerin nageant à fleur d'eau. Île de Man, Royaume-Uni.

Ci-contre :
Un équipage dévoré par les requins (*Journal des voyages*, 1880).

Page de droite :
Johannis Zambetta, scaphandrier pêcheur d'éponges, attaqué par des requins, près de Sfax, en Tunisie (*Le Petit Parisien*, 25 avril 1909).

SUR LES COTES DE TUNISIE

UN SCAPHANDRIER PÊCHEUR D'ÉPONGES, A UNE JAMBE COUPÉE PAR UN REQUIN

QUATORZIÈME ANNÉE. — N° 658. 30 CENTIMES. Dimanche 1er Avril 19..

TERRE CIEL EAU

l'Intrépide

AVENTURES SPORTS VOYAGES

ADMINISTRATION : 3, rue de Rocroy, Paris (Xe).

ABONNEMENTS | Paris et Départements : Un an, 13 francs; Six mois, 7 francs.
Étranger : Un an, 18 francs; Six mois, 9 fr 50.

On s'abonne sans frais dans tous les bureaux de poste. — Compte chèque postal : 259-10.

LA PROVIDENTIELLE INSPIRATION DU NAUFRAGÉ

Un requin plus hardi que les autres déchaîna le carnage. (Lire page 7.)

Ci-dessus :
Dans les années 1920, le journal *L'Intrépide*, destiné aux jeunes publics, publiait régulièrement de terrifiants récits de naufragés attaqués par des requins...

À droite, de haut en bas :
La pêche du Requin (*Histoire naturelle de Lacépède, comprenant les cétacés, les quadrupèdes ovipares, les serpents et les poissons*, 1747).

Gueule et denture d'un mangeur d'hommes (Bertin, *Les Poissons singuliers*, 1954).

malheureux seront d'ailleurs à l'origine de nombreuses recherches sur les méthodes de protection anti-requins (filets pour protéger les plages, substances répulsives...). Lors de la guerre du Pacifique, des aviateurs américains peignent sur le nez de leurs avions de chasse, les *Tomahawk Curtis P-40*, d'impressionnantes gueules béantes de requins aux dents redoutables. Vils et voraces sont les requins mako que Ernest Hemingway met en scène dans son roman *Le Vieil Homme et la mer* (1952) : seul sur sa barque dans le golfe du Mexique, un vieil homme lutte deux jours et deux nuits pour capturer un grand espadon qui, sur le chemin du retour, est dévoré par des requins.

Dans son livre *Des poissons si grands* (1969), Pierre Clostermann rapporte un incident survenu au large de Timor, au nord de l'Australie, et attribué à un gigantesque requin blanc : « En mars 1954, le cotre australien Rachel Cohen passait en cale sèche à Adélaïde pour un carénage. Dix-sept dents de *Carcharodon carcharias* ayant en moyenne huit centimètres à la base et dix centimètres du collet à la pointe furent extraites de la quille en bois, juste à l'aplomb de l'arbre d'hélice tordu. Le demi-cercle décrit par l'implantation des dents et des traces avait pratiquement un mètre de rayon ! » Le capitaine du Rachel Cohen se souvenait d'un choc nocturne violent survenu lors d'une tempête au large de Timor et avait conclu à une collision avec un des nombreux troncs d'arbre flottant dans cette mer. « Les ichtyologues australiens ont attribué environ 24 mètres de long au possesseur d'une telle denture, attiré probablement, comme cela est très fréquent, par les reflets de l'hélice. »

Plus récemment (en 1975), le mémorable film *Les Dents de la mer* de Steven Spielberg porte à son comble la vision du requin diabolique et immortalise le grand blanc comme « incarnation du Mal », « machine à tuer » sillonnant les mers en quête de chair humaine. La psychose venue d'Hollywood s'empare de millions de baigneurs... En 1999, dans le film *Deep Blue Sea* (*Peur bleue*) de Reny Harlin, des requins génétiquement modifiés déciment une équipe de scientifiques. Bientôt porté à l'écran, le roman *Megalodon* écrit par l'américain Steven Allen imagine la survivance de l'effrayant prédateur aux fonds de nos océans. Avec la mode du thriller aquatique et des « images choc », le mythe du requin tueur est décidément toujours aussi actuel...

« C'était un superbe requin mako, bâti pour la vitesse, aussi rapide que le poisson le plus rapide. Tout en lui était beau, sauf la gueule [...]. Sa haute nageoire dorsale fendait l'eau telle une lame d'acier. Dans sa gueule close, il y avait huit rangs de dents plantées en biais [...], coupantes comme des rasoirs sur les deux faces. Les poissons de la mer, qui sont si rapides et si bien armés, n'ont pas d'autre ennemi que cet animal : il est capable de les manger tous. » (Ernest Hemingway, *Le Vieil Homme et la mer*, 1952)

Les fameux avions de chasse P-40 portant sur leur carlingue de terribles effigies de requins.

Les véritables "mangeurs d'hommes" sont toujours "ailleurs".
En Europe, on considère les eaux du Sénégal comme très dangereuses.
Mais à Dakar, on vous parle de mer Rouge et de Djibouti.
Djibouti s'enorgueillit de ne pas compter un seul accident, mais on vous décrit Madagascar comme infesté de requins assoiffés de sang.
À Madagascar même, si vous êtes sur la côte ouest, les requins dangereux sont sur la côte est, et vice-versa ! »
(Jacques-Yves et Philippe Cousteau, *Les Requins*, 1970)

ATTAQUES ET MORSURES

Aujourd'hui, de nombreuses observations conduisent à une meilleure compréhension de la « dangerosité » des requins et à une prévention plus efficace. L'*International Shark Attack File* (ISAF), administré par l'*American Elasmobranch Society* et le Muséum d'Histoire naturelle de Floride, constitue une immense banque de données rassemblant tous les signalements d'attaques de requins dans le monde (plus de quatre mille), du milieu du XVIe siècle à nos jours. Le grand blanc, le requin tigre, le requin bouledogue et le requin océanique constituent le peloton de tête des espèces les plus fréquemment impliquées dans les attaques humaines. Reste une quinzaine d'espèces de grande taille, potentiellement dangereuses, à côtoyer avec la plus grande prudence (requiem, pointes-noires, marteau…) ! Les attaques sont classées par l'ISAF en deux rubriques, les « provoquées » et les « non provoquées », c'est-à-dire avec ou sans provocation de l'humain sur le requin. Les principales victimes sont les surfeurs, les nageurs, les pêcheurs à pied et les plongeurs.

Quand un requin attaque un humain, c'est habituellement parce qu'il se sent « provoqué ». Il peut ainsi avoir été excité en détectant la présence de sang, lors de chasses sous-marines ou de plongées avec séance de nourrissage (*shark-feeding*). Il peut aussi se sentir menacé, soit par une agression physique (comme par ces plongeurs s'amusant à chevaucher des requins nourrice, pacifiques seulement en apparence…), soit par une intrusion sur son territoire. Dans ce cas, plusieurs requins adoptent un comportement menaçant, bien caractéristique : le requin dagsit (*Carcharhinus amblyrhynchos*) se met à nager de façon saccadée, courbe son corps, redresse sa tête, abaisse ses deux nageoires pectorales : autant de signaux annonçant que le moment de l'attaque est imminent !

Précisons à ce propos que tous les requins ne réagissent pas de la même manière face à une agression. Certains requins présentent même de curieux comportements de

Double page précédente :
Des enfants grimpés sur le dos d'un requin pèlerin, sur les quais de Concarneau, Finistère.

Ci-contre :
Le film mythique qui terrifia des millions de spectateurs...

Page de droite :
Pagayant à plat ventre sur sa planche, un surfeur peut facilement passer pour un phoque auprès d'un requin nageant dans les parages... Hawaï, États-Unis.

Double page suivante :
Corps en torpille, regard fixe et inexpressif, gueule entrouverte laissant apercevoir des dents redoutables, le requin suscite crainte et admiration, tel ce peau bleue patrouillant dans les eaux californiennes, États-Unis.

Ci-dessus :
« Pêche du requin » (Louis Figuier, *Les Poissons, les Reptiles et les Oiseaux,* 1876)
« Tout l'équipage est là, avide de collaborer à la perte du requin, cet ennemi mortel qui a déjà entraîné au fond de la mer tant de pauvres marins tombés à l'eau par accident ! [...] Tout l'équipage assiste à son agonie et lui prodigue les quolibets et les insultes les plus comiques. » (Capitaine Cod, *Une pêche au requin*, 1902).

défense. Ainsi, l'holbiche soufflante (*Cephaloscyllium sufflans*, ou *ballon shark*) des eaux du Mozambique et du golfe d'Aden, avale de l'air, gonfle son estomac et monte à la surface comme un ballon. Quant au requin « aux yeux timides » (*Haploblepharus pictus,* ou *skaamoog,* ou *shyshark*), il essaie de se dissimuler à ses poursuivants en se recourbant en cercle, masquant ses yeux avec sa queue…

La confusion alimentaire est souvent la cause des attaques « non provoquées ». D'après les recensements de l'ISAF, sur les cinquante-huit attaques « non provoquées » survenues dans le monde en 2005, seulement quatre furent mortelles. Selon George Burgess, directeur de l'ISAF, les attaques surviennent souvent en eau peu profonde et trouble, là où les vagues déferlent. Les requins risquent alors de confondre une de leurs proies habituelles (poisson, tortue) avec les pieds ou les mains, pendant ou clapotant dans l'eau, d'un surfeur ou d'un nageur imprudent. Les rencontres vont alors du frôlement, à l'écorchure jusqu'aux morsures plus sévères… Au Ier siècle, Pline, dans son *Histoire naturelle*, relatait ainsi qu'en Méditerranée, les pêcheurs d'éponges redoutaient d'être happés aux jambes par les mâchoires des « canicules », – probablement des milandres, – quand ils se hissaient à bord de leur barque pour sortir de l'eau. Durant ces attaques, très fréquentes, et classées dans le type « je mords, je m'en vais » (« *hit and run* »), le requin mord une fois et repart. Sur les côtes de Floride, les eaux de New Smyrna Beach, riches en populations de petits poissons, détiennent ainsi le record mondial des attaques de requin. Parmi les attaques « non provoquées », se classe le sinistre cas des naufragés, victimes bien malgré eux, d'attaques prédatrices redoutables.

Ci-contre :
Champion de pêche sous-marine, l'australien Rodney Fox subit en 1963 l'attaque d'un grand blanc. Ses blessures lui vaudront plus de quatre cents points de suture ! Fox entreprend alors de tuer le plus de requins possible afin, pense-t-il, de protéger les nageurs. Mais peu à peu, il apprend à connaître les grands blancs jusqu'à devenir l'un de leurs plus ardents défenseurs et participe à de nombreuses expéditions (*National Geographic*, BBC, équipe Cousteau…).

Selon certains observateurs, les grands prédateurs auraient pour leur part un comportement beaucoup plus agressif. Face à des proies en surface (pinnipèdes par exemple), le grand blanc aurait l'habitude de mordre celles-ci une fois, profondément, puis d'attendre que l'hémorragie les ait suffisamment affaiblies pour revenir à la curée en toute sécurité…

Ci-dessus :
En Afrique du Sud, le *Natal Shark Board* gère la protection des plages du Kwazulu-Natal contre les attaques de requins. 30 kilomètres de filets anti-requins interceptent ceux qui sont tentés de s'approcher des côtes. Jusqu'à plus de deux mille requins sont capturés en une année (ici un requin tigre), mais aussi des animaux inoffensifs, comme des dauphins.

Ci-contre :
Pancarte pour signaler la présence de requins dangereux sur le rivage australien.

La chute de noix de coco tue cent cinquante personnes dans le monde chaque année, quinze fois plus que le nombre de morts attribuables aux requins. » (George Burgess, directeur du *Florida's International Shark Attack File*, Université de Floride)

Le requin tigre fréquente la plupart des régions tempérées et tropicales du monde, d'où ses multiples appellations : *amarillo* (Espagne), *tigrishafur* (Islande), *pating* (Philippines), *itachizame* (Japon), *cucut macan* (Malaisie), *ma'o tore tore* (Tahiti)...

LA PEUR, PLUS GRANDE QUE LE RISQUE

Les requins demeurent néanmoins bien moins dangereux que les abeilles, les guêpes et les serpents, qui provoquent beaucoup plus de victimes chaque année. Aux États-Unis, le risque annuel d'être tué par la foudre serait trente fois supérieur à celui d'être attaqué par un requin ! Sans parler des noyades, des crises cardiaques, des brûlures par les méduses ou des piqûres par les raies pastenagues... Chaque attaque mortelle déclenche néanmoins d'inévitables réactions de vengeance se traduisant par des opérations d'extermination en masse, phénomène relayé par les médias, qui, souvent, pour soigner leur audimat, amplifient largement l'événement. En Floride, en Afrique du Sud, en Australie, de multiples recommandations et mesures protégent les nageurs : fermeture des plages quand des requins sont signalés, surveillance aérienne par hélicoptère, patrouille par bateaux, guetteurs sur les plages, etc. Les attaques sont actuellement de moins en moins fréquentes, tendance qui s'explique par cette protection accrue et un déclin des populations de requins.

EN CAS DE FACE-À-FACE

Selon George Burgess, de l'ISAF, en cas de rencontre avec un requin agressif, un plongeur ne doit jamais paniquer. Il doit d'abord tâcher de sortir de l'eau calmement, mais toutefois le plus vite possible, en nageant à reculons près de son compagnon de plongée, ce qui permet d'avoir quatre yeux pour surveiller l'attaquant. Il recommande aussi au plongeur de faire montre de combativité. Si le plongeur ne peut s'échapper, qu'il ne craigne pas de frapper le requin avec un objet qu'il trouvera à portée de main (même un appareil photo, lequel, contrairement à un pied ou à une main, se remplace !). Si le requin insiste, poursuit Burgess, non sans humour, il faut lui taper le bout du museau ; mais attention, le manquer, c'est risquer de voir sa main entre ses dents. Si possible, il faut mettre sa main dans ses fentes branchiales, très sensibles... Burgess s'insurge contre l'idée commune affirmant que rester immobile devant un requin qui vous tourne autour le fait vous ignorer et chercher une autre proie. Enfin, il relate le cas d'un surfeur attaqué par un grand blanc, au large de l'Orégon, qui en réchappa en donnant un coup sur le nez de son agresseur !

QUELQUES CONSEILS

Ne jamais plonger seul, ni la nuit, ni dans des eaux troubles, ni si vous avez une blessure qui saigne. Ne jamais porter d'objets scintillants. Ne jamais garder à la ceinture des poissons capturés si vous pratiquez la pêche sous-marine. Ne jamais se baigner à proximité de phoques, qui constituent le repas préféré des grands requins ! Ne jamais nager au crépuscule quand les requins s'approchent des côtes à la recherche de nourriture. « Entre les mois de cinq à neuf, restreignez vos baignades entre neuf et cinq », conseille l'ISAF.

Le requin océanique, bien reconnaissable à ses nageoires pectorales très développées, tachetées de blanc à leur extrémité, est un des requins potentiellement les plus dangereux pour l'humain. Hawaï, États-Unis.

Il est dangereux d'avoir peur d'un requin : il le sait d'instinct et peut en profiter. »
(Jacques-Yves et Philippe Cousteau, *Les Requins*, 1970).

« Lorsqu'on a vu les requins en action, on doute fort qu'un poignard puisse avoir la moindre valeur défensive. Ce que nous avons trouvé de mieux, c'est un gros manche à balai d'un mètre de long, hérissé de petites pointes à l'une de ses extrémités.
Nous avons baptisé cet instrument barbare débordoir à requins ; on doit s'en servir comme un dompteur emploie la chaise avec ses lions, pour écarter le requin qui s'approche en le repoussant vigoureusement [...].
On peut espérer ainsi le maintenir à distance convenable. »
(Jacques-Yves Cousteau et Frédéric Dumas, *Le Monde du silence*, 1959)

En Afrique, en Australie, en Polynésie et en Amérique, des chefs ou prêtres spécialisés, disposaient de pouvoirs absolus pour fixer le moment où la chasse ou la pêche de telle ou telle espèce animale [...] pouvaient raisonnablement commencer, et le temps pendant lequel il était permis de chasser ou de pêcher : deux jours par an, pour une certaine espèce de requin chez les anciens Maori. »
(Claude Lévi-Strauss, *Productivité et condition humaine*, 2001)

UNE AUTRE VISION DU REQUIN : LE REQUIN-DIVINITÉ

Dans la vision occidentale selon laquelle l'homme a tenté de domestiquer la nature pour mieux la dominer et se l'approprier, le requin est considéré comme un être nuisible à asservir, à supprimer. Mais dans la vision des populations insulaires, vivant en symbiose avec la mer, il est considéré comme un interlocuteur social appartenant à la sphère du sacré.

Dans le Pacifique

Au sein du panthéon des Océaniens d'avant la christianisation, le requin est l'incarnation, le symbole des ancêtres et des divinités qui visitent le monde des vivants. Cette image a survécu à l'arrivée des missionnaires et des colonisateurs, et, aujourd'hui, s'il est parfois craint, il est toujours respecté et reste un animal emblématique.

La pêche au nœud coulant aux îles Tonga Aux îles Tonga, le requin est assimilé à une femme, *Hina*, héroïne et déesse des mythologies du Pacifique dont on distingue la silhouette les nuits de pleine lune. Cette origine divine confère au requin un pouvoir surnaturel qui lui permet de démasquer les mauvais comportements des humains lorsqu'ils cherchent à le capturer. Les accidents dus au requin sont donc expliqués par des fautes commises par celui qui est attaqué, blessé voire tué. Le requin est perçu comme un justicier, un garant de l'harmonie des rapports sociaux en mer, au sein de l'équipage comme à terre. Sa capture se pratiquait encore récemment selon une technique originale, au nœud coulant (*no'o anga*), accompagnée de nombreux rites, comme bien souvent dans les techniques de pêche où les hommes parlent aux poissons.

Double page précédente :
Un requin de récif des Bahamas attaque la palme d'un plongeur. Que se passa-t-il quelques secondes après cette prise de vue... ?

Ci-contre :
Trident serti de dents de requins. Kiribati, Océanie. Musée départemental Dobrée, Nantes.

En Océanie, les dents de requins (ici de requin tigre), percées à leur base et ligaturées, étaient traditionnellement utilisées pour sertir des glaives ou des lances, leur procurant un tranchant redoutable. À Hawaï, ces armes courtes en forme de spatule (*palau papnihomano*) étaient utilisées uniquement par les chefs et les guerriers nobles. Oahu Kapiolani Park, Hawaï.

Dans tout le Pacifique, le requin est un animal privilégié sinon sacré. Selon les lieux, il est l'incarnation de dieux ou d'ancêtres ; qu'il soit recherché, redouté ou évité, le seul sentiment qui n'existe pas à son égard est l'indifférence. » (Marie-Claire Bataille-Benguigui, ethnologue, *La Capture du requin au nœud coulant aux îles Tonga*, 1981)

Avant de partir en mer, l'équipage se retirait dans une case sur la plage déclarée « tabou », c'est-à-dire interdite au reste de la population du village et en particulier aux femmes. Ils passaient là quelques jours dans l'abstinence sexuelle, préparant leurs engins et leur embarcation, à l'écart des gens de la terre – rite de purification avant d'aller séduire et capturer *Hina*. Une fois en mer, les pêcheurs agitaient dans l'eau un hochet fait d'un enfilage de demi-noix de coco sur une liane et frappaient la coque de la pirogue en psalmodiant des paroles de séduction destinées au requin, perçu comme une fiancée. Lorsque celui-ci s'approchait de la pirogue, attiré par le bruit et un appât – un morceau de porc tendu au bout d'une perche –, un pêcheur glissait autour de sa gueule un nœud coulant assimilé à une couronne de fleurs et tirait sur la corde pour le retenir. S'engageait alors une lutte dangereuse qui pouvait durer des heures : il fallait épuiser le requin avant de le hisser à bord et de l'achever avec une massue. Aux îles Salomon, pour éviter ce combat éprouvant et dangereux, un accessoire en bois en forme d'hélice faisant fonction de retardateur était attaché au nœud coulant. Le requin était relâché, frappé par cet accessoire et dans l'impossibilité de plonger. L'équipage le suivait et le hissait à bord sans danger lorsqu'il était épuisé.

Spectaculaire masque cimier évoquant un requin, utilisé lors de la mascarade des esprits de l'eau. Igbo-Ekpeya, Nigéria, bois polychrome, longueur 2,33 mètres, XXe siècle.

L'équipage revenait à la case interdite et consommait un repas préparé dans le four à pierres chaudes pour lever le tabou et réintégrer la société. Le requin pêché ainsi était interdit de vente, il était découpé et partagé selon un ordre hiérarchique : le chef du village, les représentants des églises, la sœur aînée du chef de pêche, les maîtres de cérémonie (*matapule*) et enfin les familles des hommes de l'équipage. Cette technique exigeait un grand savoir-faire, que les jeunes garçons devenus des hommes acquerraient en suivant leur père à la pêche (d'après Marie-Claire Bataille-Benguigui, *Des techniques de pêche rituelle aux îles Tonga*, 1989).

Requins totems de Nouvelle-Calédonie Objet de vénération, le requin est le totem de nombreux clans kanaks : il représente la forme visible des esprits des ancêtres. *Mopa* et *Kureju*, considérés respectivement comme féminin et masculin, protègent les pêcheurs et les navigateurs en difficulté. Qui ne racontera qu'un jour de mauvais temps, le requin a soutenu son bateau pour le maintenir au-dessus de l'eau ? Avant d'aller à la pêche, certains clans faisaient une cérémonie à l'adresse des deux requins. L'officiant, avec la pierre magique, les suppliait en leur offrant un présent coutumier (patate, igname) afin qu'ils favorisent leur pêche. Quand les pêcheurs arrivaient sur le récif, les poissons avaient été rassemblés par les requins et les attendaient (d'après I. Leblic, *Notes sur les fonctions symboliques et rituelles de quelques animaux marins pour certains clans de Nouvelle-Calédonie*, 1989).

« Tu Horo Punga » des Tuamotu Le requin était pêché à la ligne à main, fabriquée en racines de *Pandanus*. L'hameçon, en bois, est terminé par un morceau d'os. Le dard ne traverse pas la joue du requin comme les hameçons en métal, mais ressort par les ouïes. Avant la pêche, le pêcheur murmure quelques mots adressés à la divinité de la mer, *Tu Horo Punga*.

Les insulaires des îles Torrès (Australie) fabriquent des cimiers surmontés de représentations évoquant le requin et ils les portent de la même manière que les danseurs du Vanuatu. Ces danses sont, tout à la fois, propitiatoires d'une bonne pêche et protectrices contre la voracité des squales.

Page suivante, de gauche à droite :
Duka – haut d'une dizaine de centimètres, ce dieu Requin a été recueilli en 1935 par l'expédition de « La Korrigane » dans le village de Nimbelowi (Santa-Cruz, îles Salomon). Représentant l'ancêtre du clan, il a été découvert dans une des maisons réservées aux hommes, entouré des crânes des anciens occupants et d'offrandes de monnaies de plumes. Fin XVIIIe-début XIXe siècle.
Statue d'homme dont la tête et le torse évoquent un requin. Elle représenterait Béhanzin.
En montant sur le trône, Kon-dô, dernier roi du Dahomey (1889-1894), prit le nom de Béhanzin. Il était alors d'usage d'ajouter à son nom celui de l'animal auquel on prétendait ressembler. Béhanzin prit le nom de « roi requin » parce que les requins pullulaient dans les brisants devant Cotonou et constituaient autant de sentinelles protégeant son royaume. Il lutta pour préserver l'indépendance de son pays mais, malgré sa résistance face aux troupes françaises, signa sa reddition en 1894. Œuvre réalisée entre 1889 et 1893, hauteur : 1,68 mètre.

Puis il jette trois pierres pour attirer le requin et éloigner les mauvais esprits, lançant ensuite sa ligne, la ramenant, la relançant. Si le requin qui a mordu à l'appât saute hors de l'eau, il est habité par l'esprit d'un défunt et, de ce fait, empoisonné, ce qui conduit ensuite le pêcheur à effectuer des pratiques d'exorcisation (d'après E. Conte, *Pêche ancienne au requin à Napuka*, 1987).

L'« appel » des requins en Nouvelle-Irlande En Nouvelle-Irlande (Papouasie-Nouvelle-Guinée), des hommes, les *shark callers*, « appelaient » le requin avec des pierres sculptées qu'ils conservaient dans le secret de leur maison, à l'abri des regards féminins. Ils exposaient ces pierres face à la mer dans la maison des hommes, au moment venu, pour le rituel du *bung be,* qui signifie « groupe de requin ». Depuis leurs frêles pirogues, les hommes prenaient les requins au piège et les tuaient à mains nues. Ils attribuaient à la magie ce pouvoir d'attraper ces animaux dans lesquels les esprits de leurs ancêtres s'étaient réfugiés. Ces rituels se pratiquaient, entre autres, lorsqu'un jeune homme devait être initié en capturant son premier requin pour devenir un homme et participer ensuite à la reproduction de la société. Ces pratiques, interrompues pendant un temps ont, semble-t-il été reprises récemment.

En Afrique

Au Nigéria Les cimiers à l'effigie des requins (fixés sur la tête à l'aide d'une coiffe de vannerie) sont très populaires parmi les peuplades Ijo du delta du Niger : là, les pêcheurs doivent souvent affronter ces dangereux poissons quand ils franchissent la barre avec leurs longues barques. Leur danse, spectaculaire, donne parfois lieu à des pantomimes, avec poursuite et capture du requin par les pêcheurs.

En 1998, le président Ramos interdit la pêche du requin baleine aux Philippines. À Donsol, au bord de la mer de Sulu Sulawesi, la concentration de requins baleine est très forte chaque été et le WWF s'est impliqué dans le développement de l'écotourisme et l'observation du plus grand poisson au monde. Le succès de l'opération a suscité une fête du requin baleine en pleine saison.

Page de gauche, en haut : Effigie de requin sacré. Pierre calcaire blanche, longueur : 21 centimètres. Nouvelle-Irlande, Papouasie-Nouvelle-Guinée ; en bas : masque cimier Requin, groupe ethnique des Ijo. Nigéria.

Requins exploités

Dans le requin, tout est bon, sauf son coup de dent ! » disaient quelques pêcheurs…

« La cervelle du requin étant séchée, devient comme une pierre. On la racle et on la met dans du vin blanc. C'est un remède que les Anglais disent être excellent pour aider les femmes qui sont en travail. »
(Père Labat, *Nouvelle relation de l'Afrique occidentale*, 1728)

Double page précédente : Découpage des ailerons d'un requin soyeux. Île Socetra, Yemen.

Depuis des siècles, des Japonais aux Inuits, les hommes pêchent le requin, dont chaque partie du corps est entièrement exploitée.

Requin et apothicaire

La « pierre de requin » était réputée atténuer les douleurs de l'enfantement et consommée par ceux « travaillez de la pierre ou de la gravelle », c'est-à-dire des calculs rénaux. Aujourd'hui, l'encéphale de requin séché est utilisé pour le traitement de la douleur. On attribuait autrefois aux dents de requins des propriétés merveilleuses : « Les orfèvres enchâssaient ces dents dans de l'argent et les vendaient au peuple crédule, qui les portait en amulettes afin de soulager les maux de dents et de se guérir de la peur. » (*Grand Dictionnaire universel du* XIX*e* *siècle*, 1866-1876)

Ci-contre : « *Je comprends la terreur qu'éprouve l'homme noir, nu et si vulnérable dans une embarcation légère, lorsqu'une telle force jaillit hors de l'eau* » (Anita Conti, à bord d'une pirogue de pêcheurs sénégalais, *Géants des Mers*, 1957).

Page de droite : Rhinobate harponné. Nouvelle-Calédonie, années 1930.

PHOTO. M. Normand _LORIENT_

Peau et galuchat

Les Romains employaient déjà la peau rugueuse et résistante des requins pour polir le bois et l'ivoire. Au Japon, on en couvrait les poignées des sabres des samouraïs. La peau non tannée des requins, ou « peau de chagrin », servait d'abrasif aux artisans ébénistes. Au XVIIIe siècle, un certain Jean-Claude Galuchat, gainier établi dans l'île de la Cité, à Paris, parvint à polir et à amincir ces peaux. Colorées (souvent en vert), elles vont servir de revêtement, élégant et résistant, à toutes sortes d'objets. Cette peau de « requin de Chine » devient très à la mode, recouvrant coffrets à bijoux, flacons de sels et autres objets précieux, si recherchés par les « grands de ce monde », comme la marquise de Pompadour. Au XIXe siècle, on distinguait le « faux galuchat », préparé à partir de peaux de liche, de humantin, de grande roussette ou de centrophore granuleux, du « vrai galuchat », provenant d'une raie pastenague indopacifique (*Pastinachus sephen*). Cette espèce habilla les meubles Art Déco des années 1920. Aujourd'hui, la peau de requin est utilisée pour la fabrication de bottes et de ceintures au Mexique, et pour divers objets de maroquinerie en Asie du Sud-Est.

Je connais ce produit, répondit le savant [du *Muséum national d'Histoire naturelle*] après avoir braqué sa loupe sur le talisman ; il a servi à quelque dessus de boîte. Le chagrin est fort ancien ! Aujourd'hui, les gainiers préfèrent se servir de galuchat. Le galuchat est, comme vous le savez sans doute, la dépouille du raja sephen, un poisson de la mer Rouge… » (Honoré de Balzac, *La Peau de chagrin*, 1831)

Quand le requin inspire le high-tech

Les requins intéressent aujourd'hui la bionique, qui étudie l'adaptation de processus biologiques à des réalisations techniques.

Après plusieurs années de recherches, un célèbre fabricant de maillots de bain a créé une combinaison destinée à la natation sportive. Sa texture, inspirée de la peau de requin, permet une augmentation de vitesse en réduisant sensiblement la résistance à l'eau.

Page de gauche :
Botte d'homme de grand apparat réalisée en peau de requin de Chine Mongolie, XIXe siècle.

Ci-dessous :
Palette en bois sur laquelle est tendue une peau de requin faisant office de râpe. Longueur : 35 centimètres. Océanie.

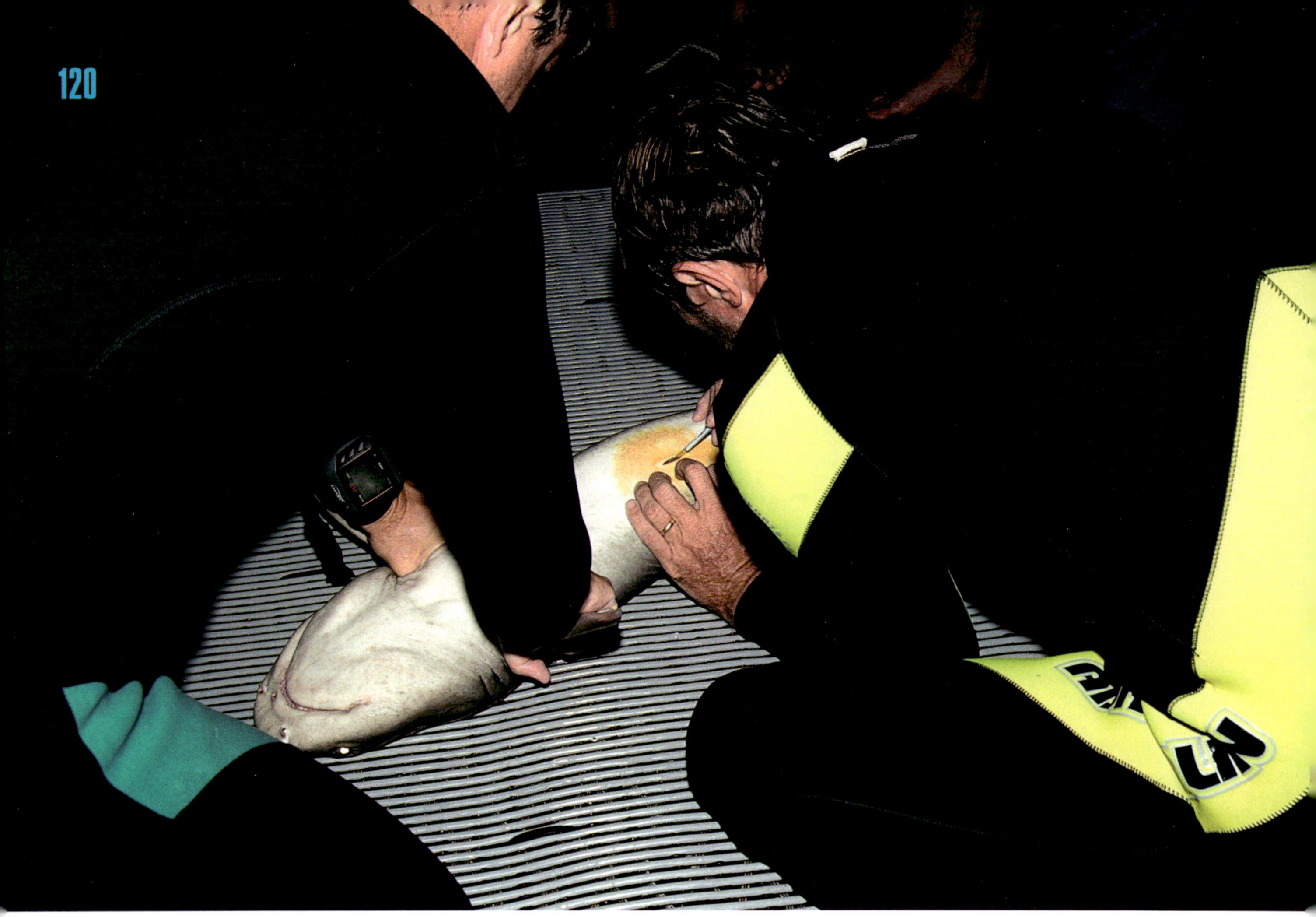

Sur le *Undersea Explorer*, pose chirurgicale d'un implant sur un requin à aileron blanc du lagon. Australie.

Pour l'industrie aéronautique, réduire la consommation en kérosène des avions par diminution de la traînée (ou résistance à l'avancement) est une priorité. La compagnie d'aviation Cathay Pacific a ainsi récemment recouvert le fuselage d'un Airbus A340 expérimental d'un film plastique rugueux inspiré de la peau de requin et permettant de diminuer la résistance aérodynamique de l'appareil.

Le *biofouling*, développement d'organismes sur la coque des navires, a pour effet de freiner leur progression et d'augmenter leur consommation en carburant. Malgré leur efficacité, les peintures anti-*fouling* sont à renouveler souvent et sont toxiques pour beaucoup d'animaux marins. Alors que la peau de beaucoup de poissons et mammifères marins est colonisée par divers de ces « auto-stoppeurs », celle du requin ne l'est jamais. Le réseau complexe de ses denticules crée en effet une sorte d'armure qui empêche les organismes, même les plus adhésifs, de l'occuper. L'Université des sciences appliquées de Bremen, en Allemagne, a récemment mis au point une peau synthétique, en silicone élastique, imitant celle du requin et à propriété anti-*fouling*. Un autre programme de recherche mené par l'Université de Floride et soutenu par la

Marine américaine, a développé un revêtement similaire, non polluant, flexible, constitué de denticules de 15 microns (le diamètre d'un cheveu humain mesurant 80 microns). Ces recherches pourraient également déboucher sur des applications médicales, notamment contre les dépôts sur les valves cardiaques.

DES REQUINS ESPIONS TÉLÉCOMMANDÉS ?

À la fin des années 1980, la Marine américaine avait entraîné des dauphins, munis d'électrodes plantées sous la peau, à la protection des sous-marins nucléaires (*The Navy's Marine Mammal Program*). Aujourd'hui, le département de la Défense américain s'intéresse aux capacités d'électrolocation des requins. Il subventionne des recherches qui pourraient même conduire à faire des requins des « espions furtifs ».

Une équipe de l'Université de Boston (Massachusetts) a ainsi implanté des électrodes dans le cerveau d'un aiguillat gardé en captivité. Ces implants, contrôlés par un petit émetteur radio, stimulent le côté droit ou gauche de la zone de l'olfaction, incitant le requin à se diriger dans la direction choisie, comme s'il avait capté une odeur.

L'étape suivante a été d'effectuer des implants sur des requins bleus relâchés au large des côtes de Floride. Les signaux radio ne pénétrant pas dans la mer, les communications passaient par l'intermédiaire de tours acoustiques de la Marine américaine, capables d'envoyer des signaux sonar à un requin situé à 300 kilomètres ! Les électrodes stimulent ou enregistrent l'activité de différentes régions du cerveau. Un microprocesseur pourrait ensuite utiliser ces informations pour les traduire en données « utiles » : odeur, champ électrique... Ces signaux pourraient, en théorie, être utilisés à un travail de surveillance, par exemple pour repérer des mines ou suivre silencieusement la trace d'un vaisseau...

Les cuirs de requin sont remarquables à la fois par leur résistance à l'usure et à la rupture, et par leur souplesse ; aussi beaucoup sont réservées pour la chaussure de chasse, de sport ou l'article de voyage. Avant la guerre, le « cuir de requin » vendu en France et en Europe, provenait surtout d'Amérique, d'Australie et du Japon, et l'industrie de Paris les recherchait pour de multiples usages :
les peaux les plus souples étaient travaillées de façon à obtenir une « imitation Suède » usitée en ganterie et en maroquinerie.
D'autres peaux servent en Amérique à fabriquer des vêtements imperméables et commodes pour aviateurs, chauffeurs, motocyclistes» (H. Poisson, *Les Requins et leur utilisation*, 1945)

Mesure du métabolisme.
Baie Kane'ohe, Hawaï, États-Unis.

Double page précédente :
Peau bleue.

Ci-dessus, de gauche à droite :
La roussette, dépouillée de sa peau, est vendue sur les marchés sous le nom de saumonette. Criée du port de La Turballe.
Tête de veau de mer proposée sur un étal de poissonnier, au Tréport, Normandie.

Page de droite :
À Madagascar, un jeune enfant et son requin, tout juste pêché.

CHAIR

Longtemps, le requin ne fut pas consommé, sans doute à cause de la répugnance à manger la chair d'un animal qui avait peut-être dévoré un humain… Au XVIIIe siècle, aux Antilles, le père Labat trouve la chair du requiem « *coriace, maigre pour l'ordinaire, cartilagineuse, d'un mauvais goût* ». Saupoudrée de sel et bien cuite, la partie ventrale était mangée à l'huile et au vinaigre. On mettait à dégorger dans l'eau les jeunes extraits de femelles pleines avant de les déguster. Si la chair du hâ ou du requin taupe est de bon goût, ferme (et dépourvue d'arêtes), celle du Laimargue du Groenland est toxique ; un long séchage la rend comestible, mais elle garde un fort goût d'ammoniaque. À l'origine, le poisson du *fish and chips* anglo-saxon était de l'aiguillat (*Squalus acanthias*). Encore récemment, des espèces de petite taille étaient proposées sur les marchés comme « thons blancs », et les Anglais les vendaient sous le nom de « *rock salmon* ». Les espèces de qualité inférieure donnaient des « farines de poisson » pour l'alimentation du bétail. Aujourd'hui, la roussette, dépouillée de sa peau, est vendue sous le nom de « saumonette », et le peau bleue de « veau de mer ».

Touffé de requin des Antilles, requin aux épices à la mahoraise de Mayotte, daube de requin à la kourousienne en Guyane, *Hakarl* ou requin faisandé et fumé d'Islande (à boire avec une vodka forte !) sont autant de recettes traditionnelles. En Mauritanie, le requin séché (ou *tollo*) est préparé à partir d'émissoles. Après étêtage et éviscération, il est tranché en lanières, séché au soleil puis conditionné en sacs de jute, pour être expédié vers l'Espagne. La viande de requin, salée et séchée, se conserve longtemps. Dans le désert d'Oman, les bédouins qui traversent le pays à dos de chameau, d'une côte à l'autre, emportent avec eux des provisions de requin séché.

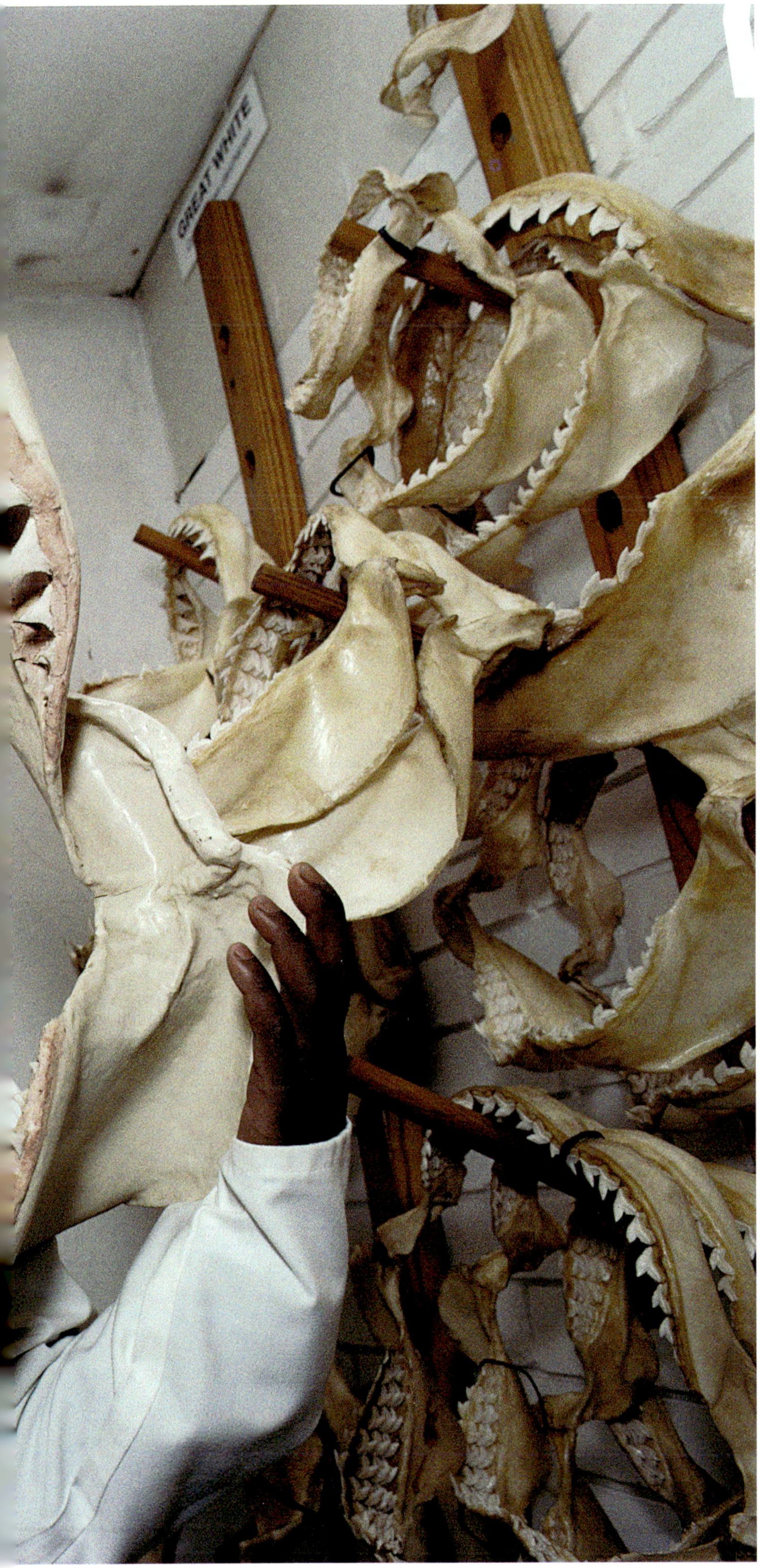

Avec l'huile [*du requin pèlerin*], ils feront des frites, mais aussi du savon : de l'huile mélangée à de la cendre et quelques gouttes de soude caustique. Cela ne moussait pas, mais nettoyait bien les vêtements.

Seul inconvénient, l'odeur : une vraie puanteur ! Un bouchon coupé en rondelles, un trou au milieu, un morceau de laine pour faire la mèche : voilà une lampe à huile… » (M. Sellin, *De drôles de pèlerins. Histoires treguncoises*, 2005)

Mâchoire de grand requin blanc qui devait mesurer 6 mètres de long. *Natal Sharks Board*. Afrique du Sud.

Requins naturalisés dans
un magasin de « curiosités marines ».
Elounda, Crète.

Il se fait de ce produit [*les ailerons*] une si grande consommation qu'à Canton seulement, l'importation des squales peut s'élever pour une seule année à 700 000 kilos [...]. Combien d'autres sont introduits par les jonques chinoises, malaises ou annamites, c'est très difficile à dire. Ces squales arrivent des régions les plus lointaines, des îles de l'Océanie, de la mer Rouge et de la côte d'Afrique aussi bien que de l'embouchure de l'Indus et des parages de la Nouvelle-Guinée. »
(*Dictionnaire encyclopédique des sciences médicales*, 1883)

HUILES ET CARTILAGE

Très développé chez les requins, le foie, organe qui élabore et accumule des graisses, atteint jusqu'à 25 % ou plus du poids de l'animal et donne jusqu'à 75 % d'huiles. Leurs propriétés médicinales sont proches de celles des foies de morue, riches en vitamines A et D, antirachitique, fixateur de calcium... Le squalène, présent en grande quantité, est un puissant antioxydant ; il est utilisé pour faire baisser le taux de cholestérol sanguin. Les huiles étaient utilisées en tannerie, pour « nourrir » les cuirs. Les huiles de qualité inférieure servaient à la fabrication de savons et de bougies. Très fluide, l'huile de mâchoires était recherchée pour le graissage des instruments de précision, et celle des carcasses, traitée au sulfate de sodium, pour la trempe des aciers. Aujourd'hui, cette huile provient des pêcheries asiatiques de requins pèlerin, requins baleine, requins hâ (*Galeorhinus galeus*), requins aiguillat (*Squalus acanthias*) et de divers requins profonds. Elle est toutefois partiellement remplacée par des produits synthétiques.

Même le sang donnait une colle très adhésive, employée en menuiserie. Les marins cap-horniers confectionnaient autrefois des cannes avec les vertèbres séchées des requins, enfilées sur une tige d'acier. Le cartilage est utilisé comme pommade contre les brûlures et comme stimulateur immunitaire. La résistance naturelle des requins aux maladies cancéreuses fait actuellement l'objet de nombreuses recherches médicales qui pourraient déboucher sur la découverte de nouveaux remèdes. Mais aujourd'hui, l'efficacité des extraits de cartilage de requins contre ces maladies, telle qu'elle fut prônée autrefois, est sujette à controverse.

Bocaux d'ailerons de requins.
Hong Kong.

DES AILERONS POUR LA SOUPE

Les ailerons de requins les plus prisés sont ceux des requin marteau, requin mako, requin bleu, requin sombre et requin à queue noire. Une fois coupées, les nageoires, ou « ailerons », sont nettoyées, séchées au soleil puis dépouillées de leur peau par lavage et cuisson à l'eau bouillante. Le tissu muqueux restant est divisé en lanières et séché. Les ailerons se présentent alors sous forme de filaments minces, transparents, jaunes, d'aspect corné : ce sont les cératotriches. Deux sortes d'ailerons sont commercialisés : les « blancs », de qualité supérieure, préparés avec les nageoires dorsales, et les « noirs », provenant des autres nageoires. Les meilleurs ailerons (*yuchi* en chinois) proviennent des vieux requins ; ils peuvent être conservés pendant une dizaine d'années, suspendus dans un endroit aéré. Les ailerons frais, les plus appréciés, sont servis à l'étouffée avec une sauce brune (*hongshao chizi*) ou sautés avec des fleurs de cannelier (*guihua yuchi*). Les ailerons séchés sont utilisés pour préparer la très recherchée soupe aux ailerons de requins (*qingtang yuchi*), aux vertus, dit-on, curatives et aphrodisiaques (au

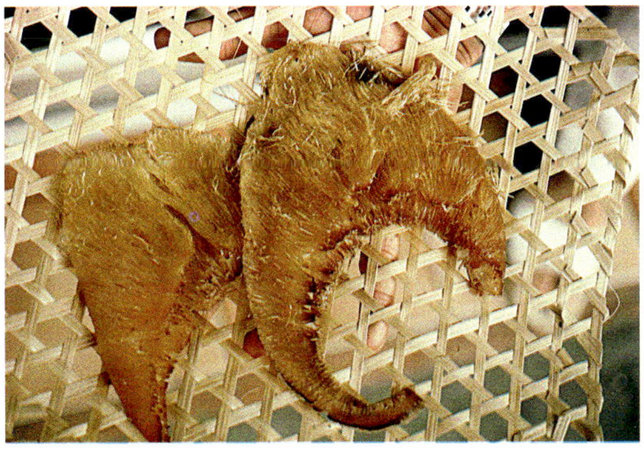

Ci-dessus, de haut en bas :
Requins mis à sécher au soleil. Mauritanie.
Ailerons de requin préparés pour la « soupe d'ailerons de requin » dans un restaurant de Bangkok. Thaïlande.

Double page suivante :
Séchage d'ailerons de requin, destinés au marché asiatique. Natal, Afrique du Sud.

Ci-contre :
Ailerons de requins séchés proposés dans une boutique de Taïwan.

Ci-dessus :
Restaurant proposant de la soupe aux ailerons, dans le quartier de Chinatown, à Bangkok. Thailande.

Ci-dessous :
Boite de « soupe aux ailerons de requin » vendue dans le quartier chinois de Paris. Prix : environ 6 euros.

Il ne dépend que de la sagesse des hommes pour qu'une lignée vieille de plusieurs centaines de millions d'années, qui a donné naissance à nombre d'animaux tellement impressionnants, voire à peine croyables, ne disparaissent pas. Il suffirait de renoncer à manger de la soupe aux ailerons de requins... »
(Gilles Cuny, paléontologue, musée géologique de Copenhague, Danemark, 2004)

même titre que la corne de rhinocéros). Cuits dans un bouillon bien assaisonné, les filaments se ramollissent, se gonflent et prennent une consistance de nouilles. Reste à les servir accompagnés de champignons, de fruits de mer et de poulet. En Chine, la consommation de ces ailerons est une tradition culinaire ancestrale. Longtemps réservée aux Chinois riches, et servie lors des repas de fêtes traditionnels et de mariages, cette soupe est devenue accessible à des millions de personnes à la suite du boom économique asiatique des années 1990. Elle est devenue un signe d'aisance financière de la classe moyenne chinoise, un plat de prédilection des repas d'affaires des restaurants de Hong Kong ou de Macao. Un bol de soupe peut y être proposé à plus de 200 dollars ! L'aileron de requin est aussi la « star » de quelques grands restaurants chinois de Londres.

REQUINS EN DANGER

Bien des raisons conduisent l'humain à tuer des requins : éliminer un être sauvage réputé dangereux, assouvir une vengeance ancestrale, fournir de la nourriture à sa famille, améliorer sa vitalité, se procurer des trophées, gagner sa vie tout simplement, mais aussi convoiter des gains conséquents.

Double page précédente,
de gauche à droite :
Vente de requins pour le marché asiatique sur la plage. Sultanat d'Oman.
Requin féroce, pêché au large de la Nouvelle-Calédonie.

Ci-contre :
Remontée à bord du navire océanographique *Alis* d'un requin pointes blanches du large capturé à la palangre expérimentale au cours du programme ECOTAP en Polynésie française.

Page de droite :
Laimargue du Groenland pêché par un chalutier industriel.

T
LX
24 VALVE

YOTA
4WD

Protégeons les requins !

Jamais la pêche des requins ne s'est déroulée, comme au cours de ces dernières années, en une telle extermination massive de ces animaux. On estime que, toute espèce confondue, quelque *cent millions de requins sont tués chaque année dans le monde !*

Les profits issus du commerce des ailerons, si lucratif, a en effet favorisé un développement considérable de la pêche des requins. La valeur du commerce mondial des ailerons est estimée entre 400 et 550 millions de dollars américains (source CITES, 2006).

Les requins ont une croissance lente et n'atteignent leur maturité sexuelle qu'au bout de plusieurs années (douze à vingt ans pour quelques espèces). Les périodes de gestation sont longues, et certains requins n'ont que quelques petits par portée. Une femelle de grand blanc n'est sexuellement mature qu'à l'âge de dix ans, pour une taille de 4 ou 5 mètres et, à l'issue d'une gestation de dix-huit mois, ne met au monde qu'un à trois petits. Il faut six ans (et une taille d'environ 3,30 mètres) à un requin tigre pour atteindre sa maturité sexuelle, sept ans (et une taille d'environ 3 mètres) à un requin marteau. Cette combinaison de caractéristiques biologiques laisse peu de chances de survie à ces animaux, tués plus vite qu'ils ne peuvent se reproduire.

Le *finning* et le commerce de l'« or gris »

Cette forte demande internationale de nageoires de requin, de grande valeur et de faible volume, associée aux difficultés de la conservation des spécimens entiers à bord (le nombre de requins pêchés était auparavant limité par l'espace disponible pour les stocker) a eu pour effet de développer la pratique du *finning*. Celle-ci consiste à sectionner, au ras du corps, les nageoires des requins

P. 140-141 :
Requin gris et requin tigre pris à la ligne. Australie-Occidentale.

Double page précédente :
Requins embarqués sur un camion, destinés au marché asiatique. Sultanat d'Oman.

Page de gauche :
Requin à pointes noires par très petit fond. Plage d'Aldabra, Seychelles.

encore vivants et de rejeter à l'eau les carcasses mutilées… À peine 3 % du poids de l'animal sont utilisés ! Un pêcheur en pirogue tue jusqu'à plusieurs dizaines de requins en une seule sortie et un chalutier industriel, jusqu'à deux cents par jour. Les nageoires coupées sont débarquées, vendues à des représentants de grosses entreprises et acheminées vers l'Asie.

Longlines et filets dérivants

La pêche s'effectue aux lignes à main, aux sennes tournantes, aux chaluts, aux palangres, ou *longlines*, longues de parfois plusieurs dizaines de kilomètres et pourvues de milliers d'hameçons (appâtés parfois avec du dauphin ou du phoque, tués illégalement). Les requins subissent, en outre, les ravages des pêches dites « accessoires ». Les filets dérivants, hauts de 30 à 40 mètres et parfois longs de 100 kilomètres, positionnés verticalement dans la colonne d'eau et destinés à la pêche du thon ou de l'espadon, tuent de très nombreux requins, non recherchés, qui meurent par milliers, prisonniers de leurs mailles. Ils sont rejetés à l'eau, morts ou mourants.

La viande aussi

Bon nombre de pêcheries utilisent toutefois les carcasses entières des requins, dont ils tirent une large gamme de produits. Souvent destinée aux marchés intérieurs, la viande de requin représente une source alimentaire importante pour beaucoup de communautés côtières.

L'aiguillat En Europe, la demande de viande d'aiguillat (*Squalus acanthias*) a favorisé la multiplication de pêcheries, ciblées surtout sur les femelles matures, en raison de leur grande taille. Or, la capacité de reproduction de l'espèce est très limitée du fait d'une croissance lente, d'une maturité tardive, d'une longue période de gestation (presque deux ans), du petit nombre de jeunes et d'une longue espérance de vie (jusqu'à cent ans !). À l'exception de la Nouvelle-Zélande, les programmes de gestion des pêches sont quasi-inexistants. De plus, de nouvelles pêcheries, autorisées à se développer dans l'hémisphère sud et dans la région pacifique des États-Unis, ne comportent ni évaluation des populations ni plan de gestion à partir de données scientifiques (source CITES 2006).

Les espèces de profondeur de l'Atlantique nord-est Dans les eaux européennes, au début des années 1990, la raréfaction des ressources du plateau continental conduisit des chalutiers industriels français (Boulogne-sur-mer, Concarneau, Lorient) puis espagnols, anglais et irlandais, à étendre leur zone de pêche au-delà de 750 mètres de profondeur (ouest de l'Écosse et îles Féroé) et à y exploiter de nouvelles espèces, notamment de petits squales, les sikis (pailona commun, *Centroscymnus coelolepis* et squale chagrin de l'Atlantique, *Centrophorus squamosus*). Ceux-ci sont recherchés pour leur chair ainsi que pour l'huile de leur foie, utilisée dans l'aéronautique et la cosmétologie. Ces espèces se révélant très vulnérables face à cette exploitation intense, l'Union européenne a, depuis 2003, mis en place des mesures de conservation et de gestion de ces stocks, et des quotas de pêche. Cependant, des études ont révélé un grave épuisement de ces populations, avec des déclins de plus de 90 % en une dizaine d'années (ICES, 2005). Une enquête internationale dénonçait récemment les pratiques d'une flottille d'une cinquantaine de navires à capitaux étrangers, pêchant sur les tombants du plateau continental de l'Atlantique nord-est. Avec 250 à 400 kilomètres de filets chacun, ces navires congélateurs capturent des quantités de sikis jusqu'à 1 200 mètres de profondeur, hors réglementations du maillage des filets, des jours de mer, des quotas, des déclarations de captures. Quand les navires rentrent au port, les filets sont laissés en pêche sans surveillance ; beaucoup tombent au fond et continuent de pêcher pendant des années (rapport *Deep net*, 2005).

Prospérité et effondrement de pêcheries

Comme celles des baleines, les pêcheries de requins tendent à suivre le cycle prévisible du « *boom and bust* » : à une période d'essor de la pêche fait suite une phase de surpêche qui s'amplifie tant qu'elle aboutit à l'effondrement et à la fermeture de la pêcherie, parfois vingt ou trente ans plus tard.

Entre 1770 et 1830, en Irlande, une pêcherie très active de requins pèlerins fonctionnait au large de la côte de Galway et de Mayo, à Sunfish Bank – « *sunfish* » est le nom donné au pèlerin à cause de son habitude de se chauffer au soleil, le dos à fleur d'eau. Les bonnes saisons de pêche permettaient aux pêcheurs d'en rapporter au moins un millier. Au début des années 1830, les requins se raréfièrent et la pêcherie s'effondra durant la seconde moitié du siècle. Au milieu du XXe siècle, l'île Achill devint à son tour le haut lieu de la pêche du pèlerin. D'avril à août, des pêcheurs barraient la Keem Bay de leurs filets maillants, capturant plus de trente requins par jour. Au début des années 1950, jusqu'à mille huit cents requins y furent pêchés chaque année ! Ils étaient recherchés pour leur huile, utilisée comme lubrifiant par l'industrie aérospatiale. L'essentiel de la pêche se pratiquait depuis des embarcations traditionnelles en bois et toile goudronnée, les coracles. Mais, à partir de 1956, la pêcherie déclina puis, en 1975, cessa son activité, responsable apparemment d'un déclin de plus de 80 % de la population locale de pèlerins en moins de dix ans !

Entre convoitise et ignorance

Un immense trafic s'est ainsi développé à travers le monde, du modeste pêcheur artisanal de l'océan Indien aux grossistes de Singapour ou de Hong Kong, premier centre mondial du commerce des ailerons. Le prix des ailerons est si élevé par rapport au revenu des pêcheurs les plus pauvres que la convoitise financière est immense. En 2003, quelque 12 millions de tonnes d'ailerons secs (soit plus de soixante-quinze millions de requins) ont été importées à Hong Kong. Les nageoires y sont vendues plus de 700 dollars le kilos, et même des milliers de dollars pour les plus grandes espèces... Face à de tels enjeux financiers, grande est la tentation de capturer le plus grand nombre de requins possible sans prendre garde aux conséquences biologiques et en privilégiant l'exploitation à court terme. En bien des points du globe, les pêcheurs sont contraints de trouver des zones de pêche de plus en plus éloignées.

La récente analyse de données fournie par Lack et Sant (2006) indique que vingt pays du globe sont actuellement responsables de 80 % des prises mondiales de requins signalées. Il s'agit, par ordre décroissant, des pays suivants : Indonésie, Taiwan, Inde, Espagne, États-Unis d'Amérique, Pakistan, Argentine, Mexique, Malaisie, Japon, Thaïlande, France, Sri Lanka, Royaume-Uni, Nouvelle-Zélande, Portugal, République islamique d'Iran, Nigeria, Brésil, République de Corée. Les cinq premiers pays cités contribuent à 40 % des prises totales (source CITES, 2006). Dans la plupart des pays, les pêcheries de requins publient des informations très parcellaires. Taïwan, le Japon et le Mexique ne possèdent pas de comptes spécifiques des espèces capturées. En plein développement, la flotte de pêche chinoise ne signale ni le poids, ni la quantité, ni l'espèce pêchée.

Une ressource qui partout s'épuise

Lourd est le tribut payé par les écosystèmes marins aux exigences de la demande asiatique. Au Yémen, Hoddeidah, le plus grand port de pêche de la mer Rouge, s'est spécialisé dans la pêche du requin, capturé, depuis de grands boutres colorés, au filet et à la ligne. Si le commerce des ailerons y constitue une manne financière considérable depuis une cinquantaine d'années, aujourd'hui, les requins s'y montrent rares. Les îles Galapagos, dont la réserve marine est classée Patrimoine naturel de l'humanité par l'Unesco, abritent de grandes populations de requins appartenant à une trentaine d'espèces (requin marteau, requin bleu, requin renard, pointes noires, requin des Galapagos...). Or, selon les scientifiques du *Galápagos Conservation Trust*, la pêche illégale destinée au commerce des ailerons fait décliner ces populations de façon dramatique.

Le braconnage, en forte augmentation dans de nombreuses régions, a également envahi d'autres parcs marins, comme celui des îles Cocos, au large du Costa Rica. Malgré les peines d'emprisonnement instaurées par les autorités australiennes, le nombre de braconniers étrangers agissant sur la côte nord de l'Australie a considérablement augmenté, réduisant les stocks au point de mettre en péril le gagne-pain des pêcheurs « légaux ». En Nouvelle-Calédonie, comme en divers points du Pacifique, les populations de requin tigre sont localement en diminution : ce requin est victime de captures dont le seul objectif est de lui retirer la mâchoire et de prendre quelques photos souvenirs... Ce ne sont là que quelques exemples...

Pêche sportive, trophées, pollutions

Sport que l'écrivain Ernest Hemingway pratiquait avec passion dans les eaux de Floride, la pêche « au gros » demeure une activité très en vogue, surtout en zone tropicale. Si beaucoup de pêcheurs sportifs dédaignent les requins, qu'ils considèrent comme « des sacs à patates» peu combatifs, quelques espèces constituent cependant des prises de choix, comme l'indique l'*International Game Fish Association*. Le requin renard ou le mako sont ainsi très recherchés. Quand ce dernier, qui peut atteindre 500 kilos, est ferré à la ligne, il se débat en effectuant des bonds aussi spectaculaires que ceux des marlins : jusqu'à 6 mètres hors de l'eau ! Difficile toutefois d'apprécier le réel impact écologique de ces prélèvements à l'échelon mondial.

D'autres causes contribuent à la raréfaction des populations de requins, notamment la modification des habitats et la pollution marine. Pesticides et autres substances toxiques se concentrent en effet dans le corps de ces animaux, situés en fin de chaîne alimentaire. Les concentrations mesurées dans leur foie peuvent être des dizaines de milliers de fois supérieures à celles de l'eau environnante.

Requins à protéger

« La pêche pour les ailerons est scandaleuse et myope. Elle n'épargne aucun poisson, petits et gros, reproducteurs et juvéniles. Elle se poursuit, alors même que le nombre de captures est si faible que toute autre pêche serait arrêtée, tant le prix des ailerons est élevé par rapport au salaire des pêcheurs les plus pauvres.

Elle n'enrichit qu'une poignée de revendeurs sur le très court terme. Les petits pêcheurs qui pensent en profiter aujourd'hui seront les déshérités de demain. Ils n'auront plus alors d'alternative… »

(François Sarano, président de l'association Longitude 181 Nature, ancien conseiller scientifique du commandant Cousteau, *Un sanctuaire pour les requins en Polynésie française*)

Le commerce des requins, qui constitue une importante ressource traditionnelle de nourriture, d'emplois et de revenus pour de nombreuses communautés dans le monde, doit être attentivement surveillé et encadré et faire l'objet d'une gestion cohérente. Selon le département américain du Commerce, les captures de requins atteignent aujourd'hui 800 000 tonnes par an, ce qui représente environ 0,6 % de la pêche mondiale, et le triple du tonnage comptabilisé il y a cinq ans. Les pays concernés doivent mettre en œuvre des plans efficaces, sans pénaliser injustement les communautés de pêcheurs. Mais ces plans se heurtent au manque de données fiables sur la biologie de nombreuses espèces et sur les effectifs exacts de captures. Entre les estimations de la *FAO* et de la *Wildlife Conservation Society*, le tonnage des ailerons de requin importés par la Chine varie ainsi du simple au double…

L'exemple des pêcheries indiennes

Les communautés côtières de nombreux pays dépendent du requin, comme on l'a vu en 2001, lorsque l'Inde, un des premiers pays au monde pour l'importance de la pêche au requin, a soudainement interdit celle-ci. En effet, bien que très vite abrogée, cette décision fit craindre de nombreuses pertes d'emplois parmi les pauvres communautés indiennes : environ vingt mille pêcheurs, la plupart du Tamil Nadu et du Gujarat, dépendent presque entièrement des requins pour leur existence ; environ cent mille autres pêcheurs – notamment de l'État d'Anchra Pradesh –, pour lesquels les requins constituent une importante partie de leurs prises annuelles, ont éprouvé des réductions de revenu suite à l'interdiction. Des milliers de personnes participant au conditionnement des requins sur le grand marché aux poissons séchés de Mangalore, dans le sud du pays, risquaient également de perdre leur emploi. Par ailleurs, conséquence prévisible de cette interdiction, l'augmentation des populations de requins devait provoquer celle de leur prédation en poissons, au détriment des pêcheurs. Finalement, l'Inde remplaça son interdiction générale par des restrictions sur un nombre limité d'espèces, constituant le début d'un plan national de gestion de requins (source *IWMC World Conservation Trust*, 2002).

Une gestion rationnelle

Reste en effet, à l'échelle internationale, à établir et faire appliquer des modèles de gestion rationnelle de cette ressource si menacée. En 1999, l'Organisation des Nations unies pour l'alimentation et l'agriculture (FAO) a adopté le « Plan d'action international pour la conservation et la gestion des requins » (PAI-requins), ensemble de recommandations proposant à chaque État membre la mise en œuvre d'un « plan requin ». Ces plans incluent une évaluation de l'état des populations de requins et visent à s'assurer que les prises soient durables, que les populations vulnérables ou menacées soient identifiées et bénéficient d'une attention particulière, que les requins morts soient totalement utilisés, et enfin que des rapports sur l'évolution des populations soient publiés (source *IWMC*). Les accords des Nations unies sur les stocks de poissons, la « Convention sur les espèces migratoires », la « Convention de Barcelone pour la protection de l'environnement marin de la Méditerranée », travaillent également dans ce sens.

L'Afrique du Sud, les États-Unis, le Brésil, le Costa Rica, le Canada, la Namibie, l'Équateur, le territoire de Palau, l'Union européenne, la plupart des États et territoires australiens, les Seychelles et la Polynésie française interdisent aujourd'hui le découpage des nageoires de requins. Beaucoup d'entre eux interdisent également le débarquement d'ailerons désolidarisés du corps. Les migrations réalisées par un grand nombre d'espèces, traversant les frontières officielles, compliquent ces politiques de gestion qui pourtant exigent une coopération internationale. Les contrôles nécessaires à l'application des accords existants sont souvent coûteux et les territoires concernés immenses, laissant la porte ouverte à bien des abus…

Les tests d'ADN

Permettant l'identification du patrimoine génétique d'une espèce, ces tests se révèlent d'une grande utilité dans la lutte contre la pêche illégale des requins et le marché noir des ailerons et des mâchoires.

Récemment, des scientifiques de la *Nova Southeastern University* de Floride sont ainsi venus en aide aux agents des pêcheries fédérales pour démanteler un marché noir : une tonne d'ailerons séchés prêts à être exportés vers les marchés asiatiques avait été confisquée chez un revendeur de New York. La suspicion des agents fédéraux s'était portée sur des sacs portant l'appellation « Porbeagle » (désignant le requin taupe, légalement pêché) mais dissimulant en réalité des « blanco - Espagne » (grands blancs). Or, la reconnaissance d'une espèce à partir de ses seuls ailerons est très difficile. Publiés dans le *Journal Conservation Genetics*, les résultats des tests génétiques confirmèrent la présence d'ailerons d'une vingtaine de grands blancs, supposée être l'une des espèces les plus protégées au monde.

En Australie-Occidentale, des scientifiques du *Department of Fisheries and Chemistry Center* ont établi une base de données d'empreintes génétiques concernant neuf espèces de requins protégées.

Des sanctuaires marins pour la conservation de la biodiversité marine

Sur terre, la surface des zones protégées, refuges pour les espèces menacées, est d'environ 12 %, contre seulement 0,5 % pour les océans. Après le sanctuaire marin de la Méditerranée, celui de Monterey Bay en Californie, ou encore le parc maritime de la Grande Barrière de corail, en Australie, celui des Northwestern Hawaiian Islands, récemment décrété « *Marine National Monument* » par le président américain Georges Bush, sera la plus grande réserve naturelle marine du monde, préservant les récifs sur 350 000 kilomètres carrés ! Un projet de sanctuaire est en cours d'étude aux Antilles françaises.

La liste rouge des espèces menacées de l'Union mondiale pour la nature

« Beaucoup d'espèces marines connaissent aujourd'hui un risque d'extinction aussi élevé que les espèces terrestres : la situation désespérée de nombreux requins et raies n'est que la partie émergée de l'iceberg.

Il est vital de prendre des mesures pour améliorer considérablement les pratiques de gestion et appliquer des mesures de conservation telles que des zones interdites à la pêche, des règlements sur le maillage des filets et des limites de capture internationales, avant qu'il ne soit trop tard. »

(Craig Hilton-Taylor, *IUCN Red List Unit*, 2006)

L'Union mondiale pour la Nature regroupe des États, des agences gouvernementales et des organisations non gouvernementales qui, en partenariat, évaluent l'état de conservation globale des espèces. La « liste rouge » de l'*UICN* en constitue l'inventaire mondial. Parmi les cinq cent quarante-sept espèces de requins et de raies inscrites sur la liste rouge de 2006, 20 % sont menacés d'extinction (voir liste en annexe).

L'exemple de l'**ange de mer** (*Squatina squatina*) illustre bien la rapide détérioration que connaissent aujourd'hui de nombreux requins. Peuplant le pourtour de la Méditerranée et de l'Atlantique est (de la Norvège au Sahara), il était autrefois familier des marchés aux poissons de ces régions. Il était si abondant autrefois dans la baie de Nice que les pêcheurs donnèrent à celle-ci le nom de « baie des Anges ». Intensément exploité, durant les cinquante dernières années, au chalut de fond, aux filets maillants et aux palangres, il s'est tellement raréfié que son classement dans la liste rouge de l'*UICN* est passé de la catégorie « vulnérable » en 2000 à « en danger critique d'extinction » en 2006. Il est déclaré « éteint » dans la mer du Nord.

Le requin taureau (ou *grey nurse shark*, *Carcharias taurus*)

Durant les années 1950 et 1960, injustement accusé d'attaques humaines au large de Sydney, ce requin fut massacré par milliers par des pêcheurs australiens qui cherchaient à débarrasser les côtes de ce qu'ils pensaient être une menace redoutable. Dans les années 1970, des scientifiques prouvèrent que, malgré sa grande taille (jusqu'à 3,5 mètres) et ses dents effrayantes, il était inoffensif, à moins d'être provoqué. En 1984, l'interdiction de le harponner et de le pêcher constitua la première mesure de protection mondiale de ce requin. Mais le rétablissement de sa population est très lent, et de nombreux requins meurent d'infections dues à des hameçons avalés ou restés plantés dans leur chair. En 2003, des mesures de protection concernèrent treize habitats australiens de requins taureaux, incluant une interdiction de pêche à 200 mètres de ces zones. Il est considéré par l'*UICN* « en danger critique d'extinction » sur la côte est de l'Australie.

Les trois espèces Cites

Trois espèces de requins sont inscrites à l'annexe II de la CITES (Convention sur le commerce international des espèces de faune et de flore sauvages menacées), qui identifie les espèces vulnérables dont le commerce est réglementé : le grand blanc, le requin pèlerin et le requin baleine.

Le grand blanc

L'espèce est largement distribuée sur les plateaux continentaux, des zones tempérées et subtropicales, mais, dans certaines régions, les mâles matures sont probablement pélagiques pendant une grande partie de l'année. Habituellement solitaire, on le rencontre parfois rencontré par groupes d'une dizaine d'individus ou davantage. Sa durée de vie peut atteindre soixante ans. L'*UICN* considère l'espèce comme « vulnérable » sur la base d'un déclin de 20 % de la population en trois générations. Celui-ci est estimé, entre 1986 et 2000, à environ 80 % dans l'Atlantique nord-ouest. Les principales sources de mortalité sont la pêche sportive, la pêche artisanale, les filets posés le long des plages. Les prix élevés qu'atteignent les dents et les mâchoires encouragent une capture directe par les pêcheries côtières et incitent à conserver les spécimens capturés accidentellement. Les dents des petits requins peuvent atteindre 600 dollars américains, et les petites mâchoires, 15 000 dollars ; la mâchoire d'un grand blanc de Gans Bay, en Afrique du Sud, récemment récupérée après avoir été volée, a atteint le prix vertigineux de 50 000 dollars ! (source CITES). Malgré une protection par l'Afrique du Sud, les États-Unis, l'Australie, la Namibie et Malte, des centaines de spécimens continuent d'être tués. D'après des suivis scientifiques, certaines populations seront réduites de moitié d'ici une vingtaine d'années, et que la demande croissante en soupe d'ailerons va faire de ce requin une proie toujours plus convoitée.

Le requin baleine

Il fréquente toutes les mers tropicales et tempérées, sauf la Méditerranée. Également appelé « requin tofou » à cause de la couleur blanche de sa chair, il est très apprécié à Taïwan, premier consommateur de viande de requin au monde, où il est encore pêché, à raison d'une centaine de spécimens par an. Des pêcheries existent également aux Philippines. Les ailerons sont vendus en Extrême-Orient, spécialement à Hong Kong.

Le requin pèlerin

Cette espèce cosmopolite est présente dans les océans tempérés. Dans le passé, le pèlerin était chassé partout dans le monde pour son huile, sa chair, ses nageoires et son foie, riche en vitamines. Aujourd'hui, la pêche du requin pèlerin a presque cessé, sauf en Chine et au Japon. Une paire de nageoires fraîches peut atteindre plus de 1 000 dollars sur les marchés asiatiques, contre 700 dollars par kilos pour les sèches. Au Japon, le foie du pèlerin est recherché comme aphrodisiaque et son huile comme lubrifiant pour les cosmétiques. L'espèce figure comme « vulnérable » sur la « liste rouge » de l'*UICN*. En France, l'APECS (Association pour l'Étude et la Conservation des Sélaciens), affiliée à l'*European Elasmobranch Association*, réunit de nouvelles données pour aider à la définition d'un programme de conservation de cette espèce.

Conclusion

Aujourd'hui, un enjeu majeur pour la protection des requins réside certainement dans la modification de l'image encore trop répandue de « mangeurs d'hommes » qui leur est attribuée. Quelle émotion, toute légitime, suscite l'annonce de la disparition d'un surfeur, mais quelle indifférence accompagne celle de la mort de centaines de millions de ces animaux ! Quant aux consommateurs d'ailerons, ont-ils conscience du massacre sans précédent engendré par leur fol engouement pour cette soupe, si fameuse soit-elle ? Les idées colportées encore récemment sur les requins empêchaient d'apprécier à sa juste valeur l'importance de leur rôle dans l'équilibre des chaînes alimentaires des océans. Puisse cet ouvrage contribuer à modifier le regard porté sur ces animaux et à sensibiliser l'opinion à la « cause des requins » !

Les cinquante requins des côtes de France

(d'après *Les Requins des côtes françaises*, Bernard Séret, 1999, éditions Ouest-France et Fishbase.mnhn.fr)

Une cinquantaine d'espèces ont été signalées sur les côtes françaises de l'Atlantique et de la Méditerranée. Certaines sont communes, d'autres rarement signalées. Cette liste est réactualisée par la découverte d'espèces nouvelles dans les grands fonds.

En Atlantique et en Méditerranée

Alopias vulpinus	Requin renard
Carcharhinus brevipinna	Requin tisserand
Carcharhinus falciformis	Requin soyeux
Carcharhinus limbatus	Requin bordé
Carcharhinus plumbeus	Requin gris
Carcharodon carcharias	Grand requin blanc
Centrophorus granulosus	Squale chagrin commun
Centrophorus squamosus	Squale chagrin atlantique
Centrophorus uyato	Petit squale chagrin
Centroscymnus coelolepis	Pailona commun
Centroscymnus crepidater	Pailona long nez
Cetorhinus maximus	Requin pèlerin
Dalatias licha	Squale liche
Deania calcea	Squale savate
Echinorhinus brucus	Squale bouclé
Etmopterus princeps	Sagre rude
Etmopterus spinax	Sagre commun
Galeorhinus galeus	Requin hâ
Galeus melastomus	Chien espagnol
Heptranchias perlo	Requin perlon
Hexanchus griseus	Requin griset
Hexanchus nakamurai	Requin vache
Isurus oxyrinchus	Requin taupe bleu
Lamna nasus	Requin taupe commun
Mustelus asterias	Emissole tachetée
Mustelus mustelus	Emissole lisse
Odontaspis ferox	Requin féroce
Oxynotus centrina	Centrine commune
Prionace glauca	Peau bleue
Scyliorhinus canicula	Petit roussette
Scyliorhinus stellaris	Grande roussette
Scymnodon ringens	Squale grogneur
Somniosus rostratus	Laimargue de méditerranée
Sphyrna lewini	Requin marteau halicorne
Sphyrna mokarran	Grand requin marteau
Sphyrna zygaena	Requin marteau commun
Squalus acanthias	Aiguillat
Squalus blainville	Aiguillat galludo
Squatina aculeata	Ange de mer épineux
Squatina oculata	Ange de mer de Bonaparte
Squatina squatina	Ange de mer commun

Uniquement en Atlantique

Apristurus atlanticus	Requin savate
Apristurus laurussonii	Roussette d'Islande
Apristurus melanoasper	Holbiche noir
Carcharhinus brachuyrus	Requin cuivre
Chlamydoselachus angineus	Requin lézard
Mitsukurina owstoni	Requin lutin
Oxynotus paradoxus	Humantin
Pseudotriakis microdon	Requin à longue dorsale
Scymnodon squamulosus	Squale grogneur velouté
Somniosus microcephalus	Laimargue du Groenland
Squaliolus laticaudus	Squale nain

La liste rouge UICN des requins

D'après International Union for Conservation of Nature and Natural Resources.
2006 IUCN Red List of Threatened Species. « www.iucnredlist.org. »
(E) : nom anglo-saxon (F) : nom français (S) : nom espagnol

CR - En danger critique d'extinction

Carcharhinus hemiodon
Pondicherry shark (E)
Requin bilia (F)
Tiburón de Pondicherry (S)

Centrophorus harrissoni
Dumb gulper shark, Harrison's deepsea dogfish (E)
Squale chagrin biliméné (F)

Glyphis gangeticus
Ganges shark (E)
Requin du Gange (F)
Tiburón del Ganges (S)

Isogomphodon oxyrhynchus
Daggernose shark (E)
Requin bécune (F)
Cazon picudo (S)

Mustelus fasciatus
Striped dogfish, Striped smooth-hound (E)
Emissole rayée (F)
Gatuso (S)

Squatina squatina
Angel shark (E)
Ange de mer, Bourgeois, Angelot, Martrame, Mordacle (F)
Angelote, Mermejuela, Pardon, Pez Angel (S)

EN - En danger

Carcharhinus borneensis
Borneo shark (E)
Requin de Bornéo (F)
Tiburón de Borneo (S)

Hemitriakis leucoperiptera
Whitefin topeshark (E)
Requin hâ aile blanche (F)

Glyphis glyphis
Speartooth shark (E)
Requin lancette (F)
Tiburón lanza (S)

Mustelus schmitti
Narrownose smoothhound (E)
Emissole gatuso (F)
Cazon, Gatuzo (S)

Squatina aculeata
Monkfish, Sawback angelshark, Spiny angelshark (E)
Ange de mer épineux (F)
Angelote espinudo (S)

Squatina argentina
Argentine angel shark, Longfin angel shark (E)
Angelote, Pez angel (S)

Squatina occulta
Smoothback angel shark (E)

Squatina oculata
Monkfish, Smoothback angel shark (E)
Ange de mer Bonaparte, Ange de mer ocellé (F)
Angelote, Pez angel (S)

VU - Vulnérables

Aulohalaelurus kanakorum
New Caledonia catshark (E)
Chien kanak (F)

Carcharias taurus
Grey nurse shark, Sand tiger shark, Spotted-tooth shark (E)
Requin taureau (F)
Toro Bacota (S)

Carcharhinus longimanus
Oceanic whitetip shark, White-tipped shark (E)
Requin océanique, requin longimane (F)
Tiburón oceanico (S)

Carcharhinus leiodon
Smoothtooth blacktip (E)

Carcharhinus signatus
Night shark (E)
Requin de nuit (F)
Tiburón nocturno (S)

Carcharodon carcharias
Great white shark (E)
Grand requin blanc, grand blanc, lamie (F)
Jaqueton blanco (S)

Centrophorus granulosus
Gulper shark (E)
Squale chagrin commun (F)
Quelvacho (S)

Centrophorus squamosus
Leafscale gulper shark, Nilson's deepsea dogfish (E)
Squale chagrin de l'Atlantique (F)
Quelvacho negro (S)

Cetorhinus maximus
Baskin shark (E)
Requin pèlerin (F)
Pelerino, Peregrino (S)

Galeorhinus galeus
Liver-oil shark, Miller's dog, School shark, Soupfin, Vitamin shark (E)
Canicule, Chien de mer, Milandre, Requin hâ, Tchi, Touille (F)
Bostrich, Ca mari, Cacao, Musola carallo, Tiburón trompa de cristal (S)

Galeus mincaronei
Southern sawtail catshark (E)
Tubarão-cauda-de-serra-do-sul (S)

Hemipristis elongatus
Fossil shark, Snaggletooth shark (E)
Milandre chicor (F)
Comadreja sobrediente (S)

Hemiscyllium hallstromi
Papuan epaulette shark (E)
Requin chabot épaulette (F)

Hemiscyllium strahani
Hooded carpet sharl (E)
Requin chabot moine (F)

Heteroscyllium colcloughi
Bluegray carpetshark (E)
Requin aveugle gris bleu (F)
Tiburón ciego gris (S)

Isurus paucus
Longfin mako (E)
Petit taupe, taupe longue aile (F)
Dientuso prieto (S)

Lamna nasus
Porbeagle (E)
Requin taupe commun (F)
Marrajo sardinero, Tiburón sardinero, Tintorera (S)

Negaprion acutidens
Sharptooth lemon shark (E)
Requin limon faucille (F)
Tiburón segador (S)

Nebrius ferrugineus
Tawny nurse shark (E)
Requin nourrice fauve (F)
Gata nodriza atezada (S)

Pseudoginglymostoma brevicaudatum
Shorttail nurse shark (E)

Requin nourrice à queue courte (F)
Gata nodriza rabicorta (S)

Rhincodon typus
Whale shark (E)
Requin baleine (F)
Tiburón ballena (S)

Schroederichthys saurisqualus
Lizard catshark (E)

Scylliogaleus quecketti
Flapnose houndshark (E)
Virli à clapet (F)
Cazon mosqueador (S)

Sphyrna tudes
Curry shark, Golde, Smalleye hammerhead shark (E)
Requin marteau à petits yeux (F)
Cornuda ojichica, Tiburón (S)

Squalus acanthias
Cape shark, Piked dogfish, Spurdog (E)
Aiguillat commun (F)
Espinillo, Galludo, Tiburón espinoso, Mielga (S)

Squatina guggenheim
Angular angel shark (E)

Stegostoma fasciatum
Leopard shark, Zebra shark (E)
Requin zèbre (F)
Tiburón acebrado (S)

Triakis acutipinna
Sharkfin houndshark (E)
Virli équatorien (F)

LR - Risques faibles

Carcharhinus amblyrhynchoides
(*Carcharhinus amblyrhinchoides* (Whitley, 1934)
Graceful shark (E)
Requin gracile (F)
Tiburón gracile (S)

Carcharhinus amblyrhynchos
Gray reef shark (E)
Requin dagsit, Requin gris du récif (F)
Tiburón de arrecifes (S)

Carcharhinus brevipinna
Spinner shark (E)
Requin tisserand (F)
Tiburón aleta negra (S)

Carcharhinus falciformis
Silky shark (E)
Requin soyeux (F)
Tiburón jaqueton (S)

Carcharhinus leucas
Bull shark (E)
Requin bouledogue (F)
Tiburón sarda (S)

Carcharhinus limbatus
Blacktip shark (E)
Requin bordé, Requin à ailerons noirs (F)
Tiburón macuira (S)

Carcharhinus melanopterus
Blacktip reef shark (E)
Requin à pointes noires (F)
Tiburón de puntas negras (S)

Carcharhinus obscurus
Dusky shark (E)
Requin sombre (F)
Tiburón arenero (S)

Carcharhinus plumbeus
Sandbar shark (E)
Requin gris, Requin d'estuaire (F)
Tiburón trozo (S)

Galeocerdo cuvier
Tiger shark (E)
Requin tigre (F)
Tiburón tigre (S)

Haploblepharus edwardsii
Puffadder shyshark (E)
Roussette vipérine (F)
Alitan listado (S)

Haploblepharus fuscus
Brown shyshark (E)
Roussette brune (F)
Alitan marron (S)

Heterodontus portusjacksoni
Port Jackson shark (E)
Requin de Port-Jackson, Requin dormeur taureau (F)
Dormilo toro (S)

Hexanchus griseus
Bluntnose sixgill shark (E)
Requin griset (F)
Canabota gris (S)

Hypogaleus hyugaensis
Blacktip topeshark (E)
Requin hâ élégant (F)
Cazon elegante (S)

Isurus oxyrinchus
Shortfin mako (E)
Requin mako à nageoires courtes, Requin taupe bleu (F)
Marrajo dientuso (S)

Leptocharias smithii
Barbeled houndshark (E)
Emissole barbue (F)
Tiburón barbudo (S)

Mustelus asterias
Starry smoothound (E)
Emissole tachetée (F)

Mustelus canis
Dusky smoothhound (E)
Emissole douce (F)
Musola dentuda (S)

Mustelus mustelus
Common smoothhound (E)
Emissole lisse (F)

Negaprion brevirostris
Lemon shark (E)
Requin citron (F)
Tiburón galano (S)

Poroderma africanum
Pyjama shark (E)
Roussette rubanée (F)

Prionace glauca
Blue shark (E)
Requin bleu, Peau bleue (F)
Tiburón azul (S)

Pseudocarcharias kamoharai
Crocodileshark (E)
Requin crocodile (F)
Tiburón cocodrilo (S)

Rhizoprionodon terraenovae
Atlantic sharpnose shark (E)
Requin aiguille de l'Atlantique (F)
Cazon picudo atlantico (S)

Scoliodon laticaudus
Spadenose shark (E)
Requin épée (F)
Cazon espadachin (S)

Sphyrna lewini
Scalloped hammerhead (E)
Requin marteau halicorne (F)
Cornuda comun (S)

Sphyrna tiburo
Bonnethead shark (E)
Requin marteau tiburo (F)
Cornuda tiburo (S)

Sphyrna zygaena
Smooth hammerhead (E)
Requin marteau commun (F)
Cornuda cruz (S)

Squatina californica
Pacific angel shark (E)
Ange de mer du Pacifique (F)
Pez angel del Pacifico (S)

Triaenodon obesus
Whitetip reef shark (E)
Requin corail, Requin à pointes blanches du lagon (F)
Tiburón coralero ñato (S)

Triakis megalopterus
Spotted gully shark (E)
Virli dentu (F)

Triakis semifasciata
Leopard shark (E)
Virli léopard (F)
Tollo leopardo (S)

NT - Quasi menacé

Apristurus albisoma
Whitish catshark (E)

Atelomycterus marmoratus
Coral catshark (E)
Chien corail (F)
Pintarrojia (S)

Carcharhinus brachyurus
Bronze whaler, Narrowtooth shark, New Zealand whaler (E)
Requin cuivre (F)
Bacota, Jaqueton del estrecho, Tiburón cobrizo (S)

Carcharhinus dussumieri
Whitecheek shark, Widemouth blackspot shark (E)
Requin à joues blanches (F)
Tiburón cariblanco (S)

Carcharhinus galapagensis
Galapagos shark (E)
Requin des Galapagos (F)
Tiburón de Galapagos (S)

Carcharhinus macloti
Hardnose shark (E)
Requin à nez rude (F)
Tiburón trompudo (S)

Carcharhinus perezi
Caribbean reef shark (E)
Requin de récif (F)
Cabeza dura, Tiburón coralino, Tiburón piedrero (S)

Carcharhinus sealei
Black spot shark (E)
Requin à taches noires (F)
Tiburón alinegro (S)

Centrophorus acus
Needle dogfish, Steinsachner's dogfish (E)
Squale chagrin aiguille (F)
Quelvacho agujon (S)

Centrophorus niaukang
Quelvacho chino, Taiwan gulper shark (E)
Squale chagrin quelvacho (F)

Centroscymnus coelolepis
Portuguese dogfish (E)
Pailona commun ousiki brillant (F)
Pailona (S)

Chiloscyllium griseum
Grey bamboo shark (E)
Requin chabot gris (F)
Bamboa gris (S)

Chiloscyllium indicum
Frog shark, Ridgeback catshark, Slender bamboo shark (E)
Requin chabot élégant (F)
Bamboa elegante (S)

Chiloscyllium plagiosum
Bluespotted bamboo shark, Whitespotted bamboo shark (E)
Requin chabot à taches bleues, Requin chabot à taches blanches (F)
Bamboa estrellada, Bamboa punteada (S)

Chiloscyllium punctatum
Brown spotted catshark, Brownbandes bamboo shark, Grey carpet shark (E)
Requin chabot bambou (F)
Bamboa estriada (S)

Chlamydoselachus anguineus
Frilled shark, Lizard shark, Scaffold shark (E)
Requin à collerette, requin lézard (F)
Tiburón anguila (S)

Cirrhigaleus barbifer
Mandarin shark (E)
Squale moustache (F)
Tollo mandarin (S)

Echinorhinus cookei
Prickly shark, Spinous shark (E)
Squale bouclé pacifique (F)
Tiburón negro espinoso (S)

Eucrossorhinus dasypogon
Tasselled wobbegong (E)
Requin tapis barbu (F)

Eusphyra blochii
Slender hammerhead, Winghead shark (E)
Requin marteau planeur (F)
Cornuda planeadora (S)

Hemiscyllium freycineti
Freycinet's epaulette shark, Indonesian speckled carpet shark (E)
Requin chabot grivelé (F)

Heptranchias perlo
One finned shark, Perlon shark, Sevengill cow shark, Sharpnose sevengill shark (E)
Requin perlon, Requin à sept branchies (F)
Canabota bocadulce (S)

Orectolobus ornatus
Banded Wobbegong, Carpet shark, Gulf Wobbegong (E)
Requin tapis paste, Requin tapis orné (F)
Tapicero ornamentado (S)

Pliotrema warreni
Sixgill sawshark (E)
Requin scie flutian (F)
Tiburón sierra del Cabo (S)

Proscymnodon plunketi
(Centroscymnus plunketi Waite, 1910)
Plunket's dogfish, Plunket's shark, Waite's dogfish (E)
Pailona austral (F)

Scyliorhinus capensis
Spotted lazyshark, White spotted dogfish, Yellowspotted catshark (E)
Roussette à taches jaunes (F)
Alitan de manchas amarillas (S)

Somniosus microcephalus
Greenland shark, Gurry shark, Sleeper shark (E)
Laimargue du Groenland (F)
Tiburón boreal, Tollo de groenlandia (S)

Sphyrna corona
Crown shark, Mallethead shark, Scalloped bonnethead (E)
Requin marteau cornu (F)
Cornuda coronada (S)

Squalus rancureli
Cyrano spurdog (E)
Aiguillat cyrano (F)
Galludo cirano (S)

DD - données insuffisantes

Aculeola nigra
Hooktooth dogfish (E)
Squale noir (F)
Tollo negro de cachos (S)

Alopias vulpinus
Thresher shark (E)
Requin renard commun (F)
Zorro (S)

Apristurus aphyodes
White ghost catshark (E)

Apristurus atlanticus
Atlantic catshark, Atlantic ghost catshark (E)
Holbiche atlantique (F)
Pejegato atlantico (S)

Apristurus brunneus
Brown catshark (E)
Holbiche brune (F)
Pejegato marrón (S)

Apristurus canutus
Hoary catshark (E)
Holbiche grise (F)
Pejegato cano (S)

Apristurus fedorovi
Stout catshark (E)
Holbiche de Federov (F)

Apristurus gibbosus
Humpback catshark (E)

Apristurus herklotsi
Longfin catshark (E)
Holbiche à longues nageoires (F)

Pejegato aletón (S)
Apristurus internatus
Shortnose demon catshark (E)
Apristurus investigatoris
Broadnose catshark (E)
Holbiche plat nez (F)
Pejegato ato (S)
Apristurus kampae
Longnose catshark (E)
Holbiche tapir (F)
Pejegato trompudo (S)
Apristurus laurussonii
Icelandic catshark, Madeira catshark (E)
Roussette d'Islande, Roussette de Madère (F)
Pejegato de Madera, Pejegato islandico (S)
Apristurus longicephalus
Lonhhead catshark (E)
Holbiche à grande tête (F)
Pejegato cabezón (S)
Apristurus macrorhynchus
Flathead catshark (E)
Holbiche torazame (F)
Pejegato chato (S)
Apristurus macrostomus
Broadmouth catshark (E)
Apristurus micropterygeus
Smalldorsal catshark (E)
Apristurus nasutus
Largenose catshark (E)
Holbiche cyrano (F)
Pejegato hocicon (S)
Apristurus parvipinnis
Smallfin catshark (E)
Holbiche petites ailes (F)
Pejegato mocho (S)
Apristurus pinguis
Fat catshark (E)
Holbiche grasse (F)
Apristurus platyrhynchus
Borneo catshark, Flatnose catshark, Spatula catshark (E)
Holbiche malaise, Holbiche spatule (F)
Pejegato de Borneo, Pejegato espatulado (S)
Apristurus profundorum
Deepwater catshark (E)
Holbiche papoila (F)
Pejegato abisal (S)
Apristurus riveri
Broadgill catshark (E)
Holbiche à grandes oreilles (F)
Pejegato agallon (S)
Apristurus sinensis
South China catshark (E
Holbiche chuhu (F)
Pejegato chino (S)
Apristurus spongiceps
Spongehead catshark (E)
Holbiche tête molle (F)
Pejegato esponjosa (S)
Apristurus stenseni
Panama ghost catshark (E)
Holbiche nébuleuse (F)
Pejegato panameo (S)
Asymbolus analis
Australian spotted catshark, Grey spotted catshark, Spotted dogfish (E)
Chien de mer tacheté (F)
Pejegato de lunares (S)
Asymbolus funebris
Blotched catshark (E)
Bythaelurus alcocki
Arabian catshark (E)
Holbiche arabique (F)
Pejegato arabigo (S)
Bythaelurus canescens
Dusky catshark (E)
Holbiche sombre (F)
Gata (S)
Bythaelurus clevai
Broadhead catshark (E)
Bythaelurus dawsoni
(Halaelurus dawsoni Springer 1971)
Dawson's catshark, New Zealand catshark (E)
Bythaelurus hispidus
Bristly catshark (E)
Holbiche mignonne (F)
Pejegato erizado (S)
Bythaelurus immaculatus
Spotless catshark (E)
Holbiche glabre (F)
Pejegato immaculado (S)
Bythaelurus lutarius
Brown catshark, Mud catshark (E)
Holbiche des vases (F)
Pejegato fanguero (S)
Carcharhinus amboinensis
Java shark, Pigeye shark (E)
Requin balestrine (F)
Tiburón baleta (S)
Carcharhinus cautus
Nervous shark (E)
Requin nerveux (F)
Tiburón nervioso (S)
Carcharhinus porosus
Smalltail shark (E)
Requiem tiqueue (F)
Zon, Aspat, Cuero duro o cabeza dura, Sarda (S)
Centrophorus cf. uyato
Little gulper shark, Southern dogfish (E)
Petit squale chagrin (F)
Centrophorus isodon
Blackfin gulper shark, Longnose gulper shark (E)
Requin à petites dents (F)
Centrophorus moluccensis
Endeavour dogfish, Smallfin gulper shark (E)
Requin chagrin cagaou (F)
Centrophorus tessellatus
Mosaic dogfish, Saic gulper shark (E)
Squale chagrin mosaïque (F)
Quelvacho mosaico (S)
Centroscyllium granulatum
Granular dogfish (E)
Aiguillat râpe (F)
Tollo negro raspa (S)
Centroscyllium kamoharai
Bareskin dogfish jelly shark (E)
Aiguillat lisse (F)
Tollo negro liso (S)
Centroscyllium nigrum
Black shark, Combtooth dogfish, Pacific black dogfish (E)
Aiguillat peigne (F)
Tollo fume, Tollo negro peine (S)
Cephaloscyllium fasciatum
Reticulata swell shark, Reticulated swellshark (E)
Holbiche bouffie (F)
Pejegato mallero (S)
Cirrhigaleus asper
Roughskin dogfish, Roughskin spurdog (E)
Aiguillat à peau rugueuse (F)
Galludo raspa (S)
Dalatias licha
Kitefin shark (E)
Requin liche (F)
Carocho (S)
Echinorhinus brucus
Bramble shark, Spinous shark, Spiny shark (E)
Squale bouclé (F)
Tiburón de clavos (S)
Etmopterus bullisi
Lined lantershark (E)
Sagre chien (F)
Tollo lucero rayado (S)
Etmopterus carteri
Carter Gilbert's lanternshark, Cylindrical lanternshark (E)
Sagre lanterne (F)
Etmopterus perryi
Dwarf lanternshark (E)
Sagre elfe (F)
Etmopterus polli
African lanternshark (E)
Sagre à menton lisse (F)
Tollo lucero africano (S)

Etmopterus princeps
Great lantershark, Rough sagre (E)
Sagre rude (F)
Tollo lucero raspa (S)
Euprotomicroides zantedeschia
Taillight shark (E)
Squale à queue claire (F)
Tollo rabo claro (S)
Galeus gracilis
Slender sawtail shark (E)
Ginglymostoma cirratum
Nurse shark (E)
Requin nourrice (F)
Gata, Tiburón-gata (S)
Gogolia filewoodi
Sailback houndshark (E)
Requin hâ voile (F)
Cazon velero (S)
Halaelurus lineatus
Banded catshark, Lined catshark (E)
Holbiche des plages (F)
Pejegato playero (S)
Halaelurus natalensis
Tiger catshark (E)
Holbiche tigrée (F)
Pejegato atigrado (S)
Hemitriakis abdita
Darksnout hound shark, Deepwater sicklefin hound shark (E)
Heterodontus francisci
(*Heterodontus californicus* Herald, 1961)
Bullhead shark, California horn shark, Horn shark (E)
Requin dormeur cornu (F)
Dormillon cornudo (S)
Heterodontus mexicanus
Mexican hornshark (E)
Requin dormeur buffle (F)
Dormillon bufalo, Perro, Tiburón comudo, Tiburón gato (S)
Heterodontus quoyi
Galapagos bullhead shark, Peruvian horn shark (E)
Requin dormeur bouledogue (F)
Suno, Tiburón gato de Galapagos, Tiburón tamborin (S)
Heterodontus ramalheira
Whitespotted bullhead shark (E)
Requin dormeur chabot (F)
Dormilón boquigrande (S)
Holohalaelurus melanostigma
Crying izak, Tropical izak catshark (E)
Lamna ditropis
Salmon shark (E)
Requin taupe saumon (F)
Marrajo salmon (S)
Megachasma pelagios
Megamouth shark (E)
Requin grande gueule (F)
Tiburón bocudo (S)
Mollisquama parini
Pocket shark (E)
Squale à peau douce (F)
Mustelus dorsalis
Sharptooth smoothhound (E)
Emissole blanche (F)
Musola blance (S)
Mustelus minicanis
Venezuelan dwarf smoothhound (E)
Mammon enano, Toyo (S)
Mustelus palumbes
Whitespot smoothhound (E)
Emissole palombe (F)
Mustelus sinusmexicanus
Gulf of Mexico smoothhound (E)
Emissole (F)
Musola (S)
Notorynchus cepedianus
Broadnose sevengill shark (E)
Requin plat nez (F)
Canbota gata (S)
Odontaspis ferox
Herbst's nurse shark, Ragged tooth shark, Smalltooth sand tiger shark (E)
Requin féroce (F)
Solrayo (S)
Odontaspis noronhai
Bigeye sand tiger (E)
Requin noronhai (F)
Solrayo ojigrande (S)
Oxynotus bruniensis
Prickly dogfish (E)
Centrine aiguille (F)
Cerdo marino agujeta (S)
Oxynotus caribbaeus
Caribbean roughshark (E)
Centrine antillaise (F)
Tiburón ojinoto (S)
Oxynotus japonicus
Japanese roughshark (E)
Centrine japonaise (F)
Parascyllium sparsimaculatum
Ginger carpet shark (E)
Parmaturus campechiensis
Campeche catshark (E)
Holbiche campechoise (F)
Pejegato campechano (S)
Parmaturus macmillani
Mcmillan's catshark (E)
Holbiche de Nouvelle-Zélande (F)
Parmaturus xaniurus
Filetail catshark (E)
Holbiche râpe (F)
Pristiophorus schroederi
American sawshark, Bahamas sawshark (E)
Requin scie d'Amérique (F)
Tiburón sierra americano (S)
Proscymnodon macracanthus
Largespine velvet dogfish (E)
Pailona jume (F)
Sapata espinuda (S)
Pseudotriakis microdon
Atlantic false shark, False catshark, Keel dorsal shark (E)
Requin à longue dorsale (F)
Musolon de aleta larga (S)
Rhizoprionodon lalandii
Brazilian sharpnose shark (E)
Requin aiguille du Brésil (F)
Cazon chino (S)
Schroederichthys bivius
Narrowmouth catshark (E)
Holbiche blanche (F)
Schroederichthys chilensis
Chilean catshark (E)
Holbiche à taches rouges (F)
Pintarroja comun (S)
Schroederichthys tenuis
Slender catshark (E)
Holbiche mannequin (F)
Pejegato menudo (S)
Scyliorhinus besnardi
Polkadot catshark (E)
Holbiche polka (F)
Scyliorhinus cervigoni
West African catshark (E)
Roussette thalassa (F)
Alitan africano (S)
Scyliorhinus haeckelii
Freckled catshark (E)
Roussette à tache de son (F)
Scyliorhinus hesperius
Whitesaddled catshark (E)
Roussette selle blanche (F)
Alitan ensillado (S)
Scyliorhinus meadi
Blotched catshark (E)
Roussette cloquée (F)
Alitan pintarrajo (S)
Scymnodalatias albicauda
Whitetail dogfish (E)
Squale grogneur (F)
Bruja rabo blanco (S)

Scymnodalatias oligodon
Sparsetooth dogfish (E)
Scymnodalatias sherwoodi
Sherwood dogfish (E)
Squale dormeur chien (F)
Bruja de Canterbury (S)
Somniosus antarcticus
Southern sleeper shark, Whitely's sleeper shark (E)
Sphyrna media
Scoophead shark (E)
Requin marteau écope (F)
Cachona, Cornuda cuchara, Tiburón cabeza de pala, Tiburón martillo cuchara (S)
Sphyrna mokarran
Great hammerhead (F)
Grand requin marteau (F)
Cornuda gigante (S)
Squalus cubensis
Cuban dogfish (E)
Aiguillat cubain (F)
Galludo cubano, Spinosa (S)
Squalus megalops
Cosmopolitan spurdog, Piked spurdog, Shortnose spurdog (E)
Aiguillat nez court (F)
Galludo ñato (S)
Squalus mitsukurii
Green-eye spurdog, Shortspine spurdog (E)
Aiguillat épinette (F)
Galludo espinilla (S)
Squatina africana
African angelshark (E)
Ange de mer africain, violon (F)
Angelote africano (S)
Squatina armata
Chilean angel shark, South pacific angel shark, Thornback angel shark (E)
Angelote (S)
Squatina dumeril
Atlantic angel shark, Sand devil (E)
Ange de mer de sable (F)
Tiburón angel (S)
Trigonognathus kabeyai
Viper dogfish (E)
Zameus squamulosus
Smallmouth velvet dogfish, Velvet dogfish (E)
Squale grogneur velouté, Squale grogneur à queue échancrée (F)
Bruja bocachica, Bruja terciopelo (S)

LC - préoccupation mineure

Apristurus exsanguis
Deepwater catshark, Pale catshark (F)
Apristurus manis
Ghost catshark (E)
Holbiche fantôme (F)
Pejegato fantasma (S)
Apristurus microps
Smalleye catshark (E)
Holbiche porc (F)
Pejegato puerco (S)
Apristurus saldanha
Saldanha catshark (E)
Holbiche gatussau (F)
Pejegato saldaña (S)
Asymbolus occiduus
Western spotted catshark (E)
Asymbolus pallidus
Pale spotted catshark (E)
Asymbolus parvus
Dwarf catshark (E)
Asymbolus rubiginosus
Orange spotted catshark, Rusty catshark (E)
Asymbolus submaculatus
Saddled catshark, Variegated catshark (E)
Asymbolus vincenti
Gulf catshark (E)
Chien de mer de Tasmanie (F)
Atelomycterus fasciatus
Banded catshark (E)
Atelomycterus macleayi
Australian marbled catshark, Marbled catshark (E)
Aulohalaelurus labiosus
Black spotted catfish (E)
Chien à taches noires (F)
Pejegato estrellado (S)
Brachaelurus waddi
Blind shark, Brown catfish (E)
Requin aveugle des roches (F)
Tiburón ciego de roca (S)
Carcharhinus fitzroyensis
Creek whaler (E)
Requin baleinier (F)
Tiburón ballenro (S)
Carcharhinus tilstoni
Australian blacktip shark, Blacktip whaler (E)
Requin bordé d'Australie (F)
Tiburón macuira de Australia (S)
Centroscymnus owstoni
Owston's dogfish, Roughskin dogfish (E)
Pailona râpeux (F)
Sapata lija (S)
Centroselachus crepidater
(Centroscymnus crepidater (Bocage & Capello, 1864)
Golden dogfish, Longnose velvet dogfish (E)
Pailona à long nez (F)
Sapata negra (S)
Cephaloscyllium isabellum
Carpet shark, Draughtboard shark (E)
Holbiche à damier (F)
Pejegato ajedrezado (S)
Cephaloscyllium laticeps
Australian swell shark, Draughtboard shark, Nutcracker shark, Sleepy joe (E)
Holbiche grassouillette (F)
Pejegato australiano (S)
Cephaloscyllium sufflans
Balloon shark, Indian swellshark, Swelle shark (E)
Holbiche soufflue (F)
Pejegato balon (S)
Cephaloscyllium ventriosum
Swell shark (E)
Holbiche ventrue (F)
Pejegato hinchado (S)
Deania calcea
Birdbeak dogfish, Brier shark, Shovelnose spiny dogfish (E)
Requin savate (F)
Tollo pajarito (S)
Eridacnis sinuans
African ribbontail catshark (E)
Requin chat à rubans (F)
Tollo coludo africano (S)
Etmopterus baxteri
Baxter's dogfish southern lantern shark (E)
Sagre porte feu (F)
Tollo lucero (S)
Etmopterus bigelowi
Blurred lanternshark, Blurred smooth lantershark (E)
Etmopterus caudistigmus
Tailspot lantern shark (E)
Etmopterus dianthus
Pink lantern shark (E)
Etmopterus dislineatus
Lined lantern shark (E)
Etmopterus evansi
Blackmouth lantern shark (E)
Etmopterus fusus
Pygmy lantern shark (E)
Etmopterus hillianus
Caribban lantershark (E)
Sagre antillais (F)
Tollo lucero antillano (S)
Etmopterus pseudosqualiolus
False pygmy shark (E)

Etmopterus robinsi
West Indian lanternshark (E)
Etmopterus schultzi
Fringefin lanternshark (E)
Sagre à nageoires frangées (F)
Tollo lucero franjeado (S)
Etmopterus sentosus
Thorny lantershark (E)
Sagre épineux (F)
Tollo lucerno espinudo (S)
Etmopterus virens
Green lantershark (E)
Sagre vert (F)
Tollo lucero verde (S)
Euprotomicrus bispinatus
Pygmy shark (E)
Squale pygmée (F)
Tollo pigmeo (S)
Furgaleus macki
Whiskery shark (E)
Emissole moustachue (F)
Cazon bigotudo (S)
Galeus boardmani
Australian sawtail shark, Banded shark (E)
Chien de mer à queue en scie, chien égoïne (F)
Pintarroja australiana (S)
Galeus piperatus
Peppered catshark (E)
Chien poivré (F)
Pejegato pimiento (S)
Galeus polli
African sawtail catshark (E)
Chien de mer africain (F)
Gollum attenuatus
Slender smoothhound (E)
Requin chat golloum (F)
Tollo cludo elegante (S)
Hemigaleus microstoma
Sickelfin weasel shark, Weasel shark (E)
Milandre faucille (F)
Comadreja segadora (S)
Hemiscyllium ocellatum
Blind shark, Epaulette shark (E)
Requin chabot ocellé (F)
Bamboa ocelada (S)
Hemiscyllium trispeculare
Speckled carpet shark, Speckled catshark (E)
Requin chabot marqueterie (F)
Hemitriakis falcata
Sicklefin hound shark (E)
Heterodontus galeatus
Crested bullhead shark, Crested horn shark, Crested Port Jackson shark (E)
Requin dormeur à crête, requin cornu à crête (F)
Dormilón carenado (S)
Heterodontus zebra
Bullheadshark, Striped cat shark, Zebra horn shark (E)
Requin dormeur zèbre (F)
Dormilón acebrado (S)
Heteroscymnoides marleyi
Longnose pygmy shark (E)
Squale mignon (F)
Tollo pigmeo trompudo (S)
Lago garricki
Longnose hound shark (E)
Requin hâ à long nez (F)
Isistius brasiliensis
Cookie-cutter shark, Luminous shark (E)
Squalelet féroce (F)
Tollo cigaro (S)
Isistius plutodus
Bigtooth cookiecutter, Gulf dogfish (E)
Squalelet dentu (F)
Tollo cigarro dentón (S)
Loxodon macrorhinus
Jordan's blue dogshark, Slender dogshark, Sliteye shark (E)
Requin sagrin (F)
Tiburón ojuelo (S)
Mitsukurina owstoni
Elfin shark, Goblin shark (E)
Requin lutin (F)
Tiburón duende (S)
Mustelus antarcticus
Gummy shark, Sweet william (E)
Emissole gommée (F)
Musola austral (S)
Mustelus higmani
Smalleye smoothound (E)
Emissole tiyeux (F)
Musola amarilla (S)
Mustelus lenticulatus
Gummy shark, Rig, Spotted smoothhound (E)
Emissole réticulée (F)
Orectolobus wardi
Northern wobbegong (E)
Requin tapis savetier (F)
Parascyllium collare
Collared carpet shark, Collared catshark (E)
Requin carpette à collerette (F)
Alfombrera collareja (S)
Parascyllium ferrugineum
Rusty carpet shark, Rusty catshark (E)
Requin carpette roux (F)
Alfombrera mohosa (S)
Parascyllium variolatum
Necklace carpet shark, Southern collared catshark, Varied carpet shark (E)
Requin carpette à collier (F)
Alfombrera colarina (S)
Pristiophorus cirratus
Common sawshark, Longnose sawshark (E)
Requin scie à long nez (F)
Tiburón sierra trompudo (S)
Pristiophorus nudipinnis
Southern sawshark (E)
Requin scie à nez court (F)
Rhizoprionodon acutus
Fish shark, Longman's shark, Milk shark, White eyed shark (E)
Requin à museau pointu (F)
Rhizoprionodon oligolinx
Grey sharpnose shark (E)
Requin aiguille gris (F)
Rhizoprionodon porosus
Caribbean sharpnose shark (E)
Requin aiguille antillais (F)
Cazon de playa, Cazon picudo antillano (S)
Rhizoprionodon taylori
Australian sharpnose shark, Taylor's shark (E)
Requin aiguille d'Australie (F)
Scyliorhinus retifer
Chain catshark, Chain dogfish (E)
Roussette maille (F)
Alitan mallero (S)
Squaliolus aliae
Small eye pygmy shark (E)
Squaliolus laticaudus
Big eye dwarf shark, Spined pygmy shark (E)
Squale nain (F)
Tollo pigmeo espinudo (S)
Squalus melanurus
Black tailed spurdog (E)
Aiguillat à queue noire (F)
Galludo cola negra (S)
Squatina australis
Angelshark, Australian angel shark, Monkfish (E)
Ange de mer australien (F)
Angelote australiano (S)
Squatina tergocellata
Archbishop, Ornate angel shark (E)
Ange de mer bourgeois (F)
Angelote ornamentado (S)
Sutorectus tentaculatus
Cobbler carpet shark, Cobbler wobbegong (E)
Requin tapis cordonnier (F)
Tapicero zapatudo (S)

Bibliographie

Livres et revues :

P. et A. Angela, et A. L. Recchi, *Requins*, National Geographic, 2002.

M.-C. Bataille-Benguigui, « La capture du requin au nœud coulant aux îles Tonga : persistance et changements dans l'observation des interdits », *in Journal de la Société des Océanistes*, n° 72-73, 1981.

M.-C. Bataille-Benguigui, « Dieu requin » *in Trésors d'autres mondes ; les arts premiers entrent au Louvre*, hors-série Télérama, 2000.

M.-C. Bataille-Benguigui, « Le requin en Océanie ; de la perception mentale à l'objet », in *Insularités ; Hommage à Henri Lavondès*, Société d'ethnologie, Nanterre, 2003.

M.-L. Bauchot, *Fiches FAO d'identification des espèces pour les besoins de la pêche. Méditerranée et mer Noire*, vol. II, « Vertébrés », 1987.

G-A Bollore, *Destins tragiques du fond des mers*, La Table Ronde, 1963.

M. Bright, *Sharks. Life series*, Natural History Museum, 2002.

P. Budker, *La Vie des requins*, Gallimard, 1947.

G. Burgess, P. Last et B. Seret, *Description of six new species of lantern-sharks of the genus* Etmopterus (Squaloidea: Etmopteridæ) *from the Australasian region*, Cybium, 2002.

N. Cazeils, Monstres marins, Ouest-France, 1998.

M. Carwardine et K. Watterson, *The shark watcher's handbook. A guide to sharks and where to see them*. BBC Worldwide, 2002.

W. Chan Tat Chuen, *Fêtes et Banquets en Chine*, Picquier, 1997.

E. Clark, « Whale Sharks », in *National Geographic* 182, 1992.

P. Clostermann, *Des poissons si grands*, Flammarion, 1969.

L. J. V. Compagno, *Shark of the world. An annotated catalogue of sharks species known to date*, FAO fisheries synopsis, n° 125, vol. 4, part 1 et 2, 1984.

E. Conte, « Pêche ancienne au requin à Napuka », *in Bulletin de la Société des Etudes Océaniennes* 20, 1987.

J.-Y. et Ph. Cousteau, *Les Requins*, Flammarion, 1970.

J.-Y. Cousteau et F. Dumas, *Le Monde du Silence*, éditions de Paris, 1956.

J.-Y. Cousteau et Y. Paccalet, Requins, innocents sauvages, Robert Laffont, 1997.

R. Cunningham-Day, *Sharks in danger : global shark conservation status with reference to management plans and legislation*, Fla. Universal, 2001.

G. Cuny, *Les Requins sont-ils des fossiles vivants ? L'évolution des poissons cartilagineux*, EDP sciences, 2002.

G. Cuny, La Longue histoire des requins, Futura-sciences.com, 2004.

R. Ellis et J. E McCosker, *Great white shark*, NY HarperCollins et Stanford University Press *Les Requins*, 1991.

G. Van Grevelynghe, A. Diringer et B. Seret, *Tous les requins du monde : trois cents espèces des mers du globe*, Delachaux et Niestlé, 1999.

S. P. Iglesias, K. Nakaya et M. Stehmann, « *Apristurus melanoasper*, a new species of deep-water catshark from the north Atlantic », *in Cybium*, 2004.

S. P. Iglesias, D. Y. Sellos et K. Nakaya, « Discovery of a normal hermaphroditic chondrichthyan species : *Apristurus longicephalus* », *in Journal of Fish Biology*, 66 : 417-428, 2005.

S. P. Iglesias, 2006 – *Chondrichthyans from the North-eastern Atlantic and the Mediterranean* (A natural classification based on collection specimens), (plates & text), provisional version 02,20 June 2006, 41 p.

R. H. Johnson, *Requins des mers tropicales et tempérées*, Delachaux et Niestlé, 1987.

A. P. Klimley et D. G. Ainley, *Great White Sharks: The Biology of* Carcharodon carcharias, Academic Press, 1996.

P. Laboute, M. Feuca et R. Grandperrin, *Le Plus Grand Lagon du monde*, Alizes, 1991.

M. Lack et G. Sant, World shark catch, production and trade 1990-2003, Gouvernement australien et rapport de TRAFFIC, 2006.

I. Leblic, « Notes sur les fonctions symboliques et rituelles de quelques animaux marins pour certains clans de Nouvelle-Calédonie », *in Anthropozoogica*, 1989.

C. Levi-Strauss, « Productivité et condition humaine », *in Études rurales, exclusions*, n° 159-160, 2001.

P. Louisy et P. Robin, *Les Requins*, Milan, 2005.

A. Mojeta, *Les Requins, guide du plongeur*, Gründ, 2005.

F. Pautrizel et C. Scaviner, *Le Grand Requin blanc*, Musée de la Mer de Biarritz, 2005.

B. Richer de Forges, *La Campagne « Musorstom IV » en Nouvelle-Calédonie, septembre-octobre 1985, mission du NO Vauban, rapports scientifiques et techniques*, ORSTOM, 1986.

B. Seret, « Les requins : questions et réponses », *Revue du Palais de la Découverte*, n° 180, 1993.

B. Seret, *Les Requins des côtes françaises*, Ouest-France, 1999.

G. Soury, *Requins en liberté*, Nathan, 2001.

C. Vadon, *Les Dessous des requins*, Paris, Muséum national d'histoire naturelle et Tourbillon, 2006.

Collectif, *Arts du Nigéria, collection du musée des Arts d'Afrique et d'Océanie*, Réunion des Musées nationaux, 1997

Collectif, *Menaces aux requins liées au commerce*, 22e session du Comité pour les animaux, Convention sur le commerce international des espèces de faune et de flore sauvages menacées d'extinction, Lima (Pérou), 7-13 juillet 2006.

Collectif, *Requin*, textes choisis et présentés par Pascal Deynat, Muséum national d'Histoire naturelle et Favre, 1997.

Deepnet Report, *A preliminary investigation on shelf edge ans deepwater fixed net fisheries to the West and North of Great Britain, Ireland, around Rockall and Hatton Bank*, N.-R. Hareide et al., 2005

ICES, 2005, *Report of the Working Group on Elasmobranch fishes* (WGEF), 14-21 juin 2005 , Lisbonne (Portugal), ICES CM 2006/ACFM : 03.

Films :

Requins tigres, la peur bleue, National Geographic, 2002.

Dennis O'Rourke, *The Sharkcallers of Kontu*, Institute of Papua New Guinea Studies, 1982.

Sites Internet :

Association pour l'Étude et la Conservation des Sélaciens, www. asso-apecs.org

American Elasmobranch Society, www.flmnh.ufl.edu/fish/sharks/sharks.htm

Basling shark web, www.naturebureau.co.uk/basking/base.htm

European Elasmobranch Association (EEA), www.eulasmo.org

Florida International Museum, www.floridamuseum.org

R. Froese et D. Pauly, *FishBase*, www.fishbase.org

P. Héraud, SOS Grand Blanc, www.SOSgrandblanc.com

Liste rouge IUCN, 2006, www.redlist.org

ReefQuest Centre for Shark research, www.elasmo-research.org

Shark Trust, www.sharktrust.org

Hawaï Institute of Marine Biology, Shark Research Group, www.hawaii.edu/HIMB/sharklab

Crédits photographiques

Photo12.com/Alamy Couverture, 91, 94, 105 droite. **Archives de la Nouvelle-Calédonie, collection Louis Veillon** : P. 115. **Association « Cap sur Anita Conti », Lorient** : P. 114. **Olivier Barbaroux, Ifremer, Nantes** : 46 haut, 125, 131 haut, 139. **Bibliothèque Nationale de France** : P. 60-61. **Bios** Burnett T./Palmer K./Visual and written : P. 1, 2-3, 18. Christophe Migeon : P. 6-7. Rotman Jeffrey : 8, 12-13, 15 bas, 29 médian, 31, 36(3), 36(4), 37, 40, 50-51, 55(2), 55(3), 55(5), 57(9), 58 haut et bas, 59 haut et bas, 76-77, 79, 80-81, 82 haut et bas, 95, 98 bas, 99 haut et bas, 102-103, 121, 126, 132-133, 140-141. Visual and Written : 55 (4). Danna Patricia : 11, 120. Boyle Bill et Peter : P. 19. Pascal Kobeh : P. 20, 33, 47, 52, 86-87. Ochi Takaji/Visual and Written : P 22-23. Hermann R./Osf : P. 25. Cole Brandon : P. 2-3, 26-27, 55 (1b), 78, 100. Yves Lefèvre : P. 30, 45, 101, 130. Kazmer Marilyn/Peter Arnold : P.34-35. Fred Bavendam : P. 41, 57(7). Hall Howard : P. 42-43. Bernard G.I./Osf : P. 46 bas. Jean-Claude Robert : P. 48. Carvo Kike/Visual and Written : P. 53, 55 (1a). Dirschert Reinhard : P. 57(8), 73. André Loïc : P. 83. Colla Phillip/Visual and Written : 96-97, 122-123. Frédéric Denhez : P. 112/113. J.L. et F.Ziegler : P. 124 droite. Xavier Eischaken : P. 128, 136, 142-143. Michel Gunther : P.144. **Christian Coiffier.** Com. Pers. : P. 107. **Collection Conservatoire Régional de la Carte Postale, Baud (56)** : P. 92-93. **Collection Kharbine-Tababor** : P. 89. **Collection M.H.N. Nice** : P. 70 bas. **Yves Gladu** : P. 84. **Samuel Iglésias :** 36 haut, 134, 137. **IRD,** Bernard Séret : P. 21, 28 haut et bas, 29 haut et bas, 36 (2), 38 haut et bas, 39 bas, 57(6), 105 gauche, 131 bas, 135 bas. Renaud Bertrand : P.138 **Hachette photos :** Jurgen Freund/npl/Jacana : P. 111 haut et bas. Doug Scott/Age/Hoa Qui : P. 135 haut. **Michèle Le Névanen** : P.117. **MNHN/ Bibliothèque Centrale** : P. 14, 63 haut et bas, 64 haut et bas, 65 bas, 66 haut et bas, 67, 68, 69, 70 haut, 71 haut et bas, 74 gauche et droite, 75, 90 droite (1 et 2), 98 haut. **/Paléontologie, D. Serrette** : P. 15 haut. **Musée départemental Dobrée, Conseil général de Loire-Atlantique, Nantes,** H. Neveu Denotrie : P. 104. **Musée International de la Chaussure. Romans en Isère** : P.118, 119. **Musée du quai Branly** : P. 106, 108, 109, 110 haut et bas (cliché RMN)/(cliché **Jean-Pierre de Monza)** : P.62. **Alexis Rosenfeld** : P. 85. **Gérard Soury** : P. 116. **Vincent Boyer/Tourbillon** : P. 17. **Catherine Vadon :** P. 65 haut, 72, 88, 90 gauche et bas, 124 gauche (1 et 2), 129.

Remerciements

J'adresse mes plus sincères remerciements à toutes les personnes qui ont participé à l'élaboration de cet ouvrage, réalisé dans l'environnement particulièrement motivant et sympathique des éditions de Jean-Pierre de Monza et de son équipe.

Mes remerciements au Professeur Dominique Doumenc, directeur du Département « Milieux et peuplements aquatiques » et directeur de la station de Biologie marine de Concarneau, Muséum national d'Histoire naturelle, qui a suivi avec une attention critique et bienveillante les phases successives de la construction de cet ouvrage,
Au Professeur Daniel Sellos, directeur adjoint de la station de Biologie marine de Concarneau (Muséum national d'Histoire naturelle), spécialisé dans l'étude des requins, pour la relecture du manuscrit, ainsi qu'à Annie Péron, responsable du Marinarium de Concarneau (Muséum national d'Histoire naturelle), à Marie-Claire Bataille-Benguigui, ethnologue, auteur de nombreux travaux réalisés au musée de l'Homme sur l'étude du requin en Océanie, pour son aide bienveillante à la documentation et à la rédaction du chapitre consacré à ce domaine,
À Olivier Barbaroux, océanographe à Ifremer-Nantes, à Samuel Iglésias, Maître de Conférences au Muséum national d'Histoire naturelle, à Christian Coiffier, anthropologue, chargé de mission au musée du quai Branly, et à Michèle Le Névanen pour la très aimable mise à disposition de leurs belles photographies,
Au Professeur Daniel Goujet et à Monette Véran, Département « Histoire de la Terre » (Muséum national d'Histoire naturelle) ainsi qu'à Alain Bidar, conservateur du muséum d'Histoire naturelle de Nice, à Jacques Santrot, conservateur du musée départemental Dobrée (Conseil général de Loire-Atlantique, Nantes), Claire de Lalande, conservateur, et Muriel Biron, responsable de la photothèque, pour leur contribution iconographique,
À Claire Lissalde, responsable de la base Indigo à l'IRD pour sa contribution à l'iconographie
À Cécile Martin-Raget, responsable du pôle images, et Ghislain Dibie, responsable du patrimoine imprimé, musée du quai Branly, pour l'accès aux collections du musée,
À Vincent Boyer et aux éditions Tourbillon, pour leur mise à disposition d'illustrations,
À Yann Rigaud (agence BIOS Phone) pour son aide dans la recherche documentaire.
À Philippe Pénicaut, directeur de la Diffusion, de la Communication, de l'Accueil et des Partenariats au Muséum national d'Histoire naturelle, et tout particulièrement à Anne Roussel-Versini, responsable des éditions du Muséum, pour son soutien chaleureux, ses conseils et sa relecture minutieuse du manuscrit, à Florence Labalette pour son aide efficace à la recherche iconographique, ainsi qu'à Gaud Morel et à Ghislaine Prévos (Département des Galeries), pour leur attentive relecture.